破局：超越同龄人的思考与行动指南

哈 叔 著

人民邮电出版社
北 京

图书在版编目（CIP）数据

破局：超越同龄人的思考与行动指南 / 哈叔著. --
北京：人民邮电出版社，2019.11
ISBN 978-7-115-52139-2

Ⅰ．①破… Ⅱ．①哈… Ⅲ．①成功心理－通俗读物
Ⅳ．①B848.4-49

中国版本图书馆CIP数据核字(2019)第208081号

内容提要

人与人之间的差距，从表面上看是智商、情商和运气的差距，但实际上是格局的差距。放大格局是获得成功的重要前提，对人一生的发展至关重要。要想看到更大的世界，就要努力放大、突破自己的格局。

本书是微信公众号"哈叔的职场微课堂"的运营者哈叔基于自己、身边人和读者的真实经历、所感所悟，为职场年轻人创作的一本励志读物。作者从思维、视界、做事、处世、沟通和管理六个角度出发，指导读者树立格局意识，培养总揽全局的能力。书中众多真实、鲜活的案例点出了"格局决定人生"这一真谛，给出了打破困局、创造美好人生的诚恳建议。

本书适合所有正在逐梦的人尤其是处于迷茫期，迫切希望工作和生活能有起色的年轻人阅读。

◆　　著　哈　叔
　　责任编辑　陈　宏
　　责任印制　彭志环

◆人民邮电出版社出版发行　　北京市丰台区成寿寺路 11 号
邮编 100164　　电子邮件 315@ptpress.com.cn
网址 http://www.ptpress.com.cn
大厂回族自治县聚鑫印刷有限责任公司印刷

◆开本：880×1230　1/32
印张：7.5　　　　　　　　　　　2019 年 11 月第 1 版
字数：150 千字　　　　　　　　2025 年 3 月河北第38次印刷

定　价：45.00 元
读者服务热线：（010）81055656　印装质量热线：（010）81055316
反盗版热线：（010）81055315

序　言

如果说熬夜是这个时代很多人的通病，那么迷茫和焦虑恐怕也是。

在和很多读者聊天的过程中，我发现"迷茫"是一个出现频率特别高的词语。

下面讲两件今年令我感触很深的事情。

第一件事情是关于读者小飞的。

2019 年年初，读者小飞在微信上找我聊天。

小飞出生于北方的一个小县城，他的父母都是工薪阶层。小飞经过多年寒窗苦读，终于考上了北京的一所高校。

大学毕业后，小飞选择留在北京。

他早就知道在北京奋斗有多么不容易，但他已经做好了心理准备。不过，几年的北漂生活，还是一点点地把他的豪情壮志消耗殆尽了，那个曾经意气风发的少年早已悄悄地泯然众人矣。

小飞虽是名校毕业，但在人才济济的北京，像他这样的人一抓一大把。以他目前的收入，想要在北京定居，简直就是奢望。

假期在家，亲戚们总问他："什么时候带女朋友回来啊？"他嘴上说"明年，明年"，心里却异常惆怅。

除夕晚上，母亲递给他一张 12 万元的存折，说让他早点把房子定下来。小飞鼻子一酸，眼泪唰地掉下来了。

给我发信息的那天，小飞正在返回北京的路上。

他说："这次回家，我发现父母老了很多。他们养育我这么多年，但我直到现在仍无力回馈他们，反而还让他们替我操心。我从来没有像现在这么迷茫、沮丧过，从来没有像今年这么不想再回北京。"

临了，他问我，他应该继续留在北京奋斗，还是另做打算？

这件事情之后，每次乘坐地铁，看着车厢里拥挤的人群，我就在想：这里到底有多少和小飞一样的年轻人，在希望和绝望之间徘徊，在迷茫和彷徨之间挣扎？

第二件事情是关于读者老唐的。

老唐曾是一所中学的老师，因厌倦日复一日的工作，八年前辞去了教师的工作，和朋友创业去了。

如今，老唐四十岁出头，事业没有起色，公司每况愈下。更糟糕的是，因常年的应酬和伏案工作，严重地影响了老唐的身体健康。他陪伴家人的时间也很少，就连妻子生二胎的时候，他也没有时间陪伴，而是在出差的路上。这件事他一直记在心里。

老唐说："我想过关掉公司，换一种活法，但是看看那些跟随自己多年的下属，再想想自己也没有更好的退路，关掉公司，我还能做些什么呢？"

人前，老唐是众人羡慕的对象，有自己的公司，且儿女双全；人后，老唐和很多的中年人一样，深深地陷入迷茫和焦虑之中，每一天都在挣扎。

这些年，我遇见过不少老唐式的中年人，他们表面光鲜亮丽，内里却早已千疮百孔。

实际上，无论是刚走出校门不久的年轻人，还是工作多年、事业尚无起色的职场老人，很多人面前都有一条水流湍急的大河，白茫茫的一片，让人找不到方向。这条河的名字叫做迷茫。

如何才能渡过这条横亘在我们面前的大河呢？

这正是本书想要和大家一起探讨的问题。在我看来，想要走出迷茫，打破眼前的困局，找到突破的方向，重在格局。

为什么说重在格局？

所谓局限，其实就是格局太小。人生中的很多问题都因格局太小而起，也会因格局放大而终。

事业低迷，人际关系差，面对职业选择举棋不定，无力掌控人生方向，因团队管理问题而身心俱疲……这一系列的问题，很多时候都因格局太小而起。

本书共分为六章，从思维、视界、做事、处世、沟通和管理六个角度和大家一起探讨一个人应该具备什么样的格局。

决定一个人上限的往往不是能力，不是天赋，也不是机遇，而是做人做事的格局。

格局决定了一个人的结局和层次，格局越大，站得越高，走得越远，得到的越多。

打破困局，走出迷茫，让我们就此起步！

哈 叔

于 2019 年 9 月 10 日

目　录

第一章

思维破局

打破思维枷锁，提高认知层次

认知水平低，是一个人最致命的短板

有人问："为什么自己懂得很多道理，却依然过得不好？"

我认为主要有两个原因。

第一个原因是，"懂得道理"和"过得不好"两者之间没有必然的联系。

要想拥有美好的人生，就要努力奋斗，这个道理大家都知道。但是，到底能不能做到，又能做到什么程度，这才是关键。

这与你能看懂菜谱，但并不一定就能成为一位好厨师的道理是一样的。

第二个原因是，很多道理其实是没有道理的，或者说，有些道理并不适用于所有人。

有人说："出名要趁早。"这句话当然是有道理的，但前提是你要考虑自身的实际情况。例如，你是否具备成名所需要的实力，有没有做好成名的准备，等等。

如果都没有，那么你就没有必要挤上这辆车，你应该做的是踏踏实实地成长，毕竟有"大器晚成"这么一说。

实际上，世界上绝大多数的道理，都要用辩证的思维来看待，这就要求我们具备独立思考和判断的能力，而这其实就体现了一个人的认知水平。

从表面上看，是行动力拉开了人与人之间的距离，但行动力其实是由人的认知水平决定的。

有些人之所以执行力强，是因为他们能看到自己与别人之间的差距，知道自己想要什么。正因为有这样的自我认知，所以他们才会产生强大的内在驱动力。

认知水平不同，所做出的决定就不同，自然也就有不一样的人生。

可以这么说，认知水平低，是一个人最致命的短板。

1. 认知水平越低，越自以为是

《庄子·秋水》里有这么一句话："井蛙不可以语于海者，拘于虚也；夏虫不可以语于冰者，笃于时也。"这句话的意思是，不要与井底之蛙聊海，不要与夏天的虫子聊冰，因为它们不曾见过海和冰，也没有经历过、体验过，所以即使你讲的都是实话，它们也不会相信。

这种固执，就是由认知局限造成的。

在生活中，很多人都有过这样的经历和体会：与一些人聊天，即使你拿出了有力的证据，即使你说得再中肯，但他就是不相信你说的，坚持他自己的观点，特别固执。

我在公众号后台和文章的留言区经常见到这样一种人：你说一个人活着要努力奋斗，要提升自己，他却和你讲出身的重要性，讲努力没有用。

有时候，我感到很奇怪，出身不好，家境不好，也没有背景和资源，难道不更应该努力奋斗吗？

认知水平越低的人，往往会表现得越固执，越抗拒接受和学习，越自以为是，总是活在自己的小天地里。

一个人越是如此，对世界的认知就会越局限，越不容易成长和进步。这样恶性循环下去，人生就可能会陷入困局。

这也造成了一种很有意思的现象：越是优秀的人，往往越努力，越谦逊；越是平庸的人，越自以为是，越安于现状，越习惯为一点小成绩而沾沾自喜。

人与人之间的认知差距越大，层次差距也就越大。

2. 认知水平越低，越容易情绪失控

在影视剧和文学作品里，时常会出现这样一种人——头脑简单，四肢发达。

这类人身上有很明显的共性：脾气火爆，特别容易情绪失控。

例如，《水浒传》里宋江身边的"铁牛"李逵，动不动就抡起双板斧砍人；《三国演义》里的张飞也属于这种类型。

这里所说的"头脑简单"，其实就是指一个人的认知水平低。

认知水平越低的人，对一件事的判断越局限、越偏激，脑筋不会转弯，不能从多方面、多角度去考虑问题。

正因为如此，他们处理问题的方式也比较简单粗暴，心里不痛快，马上就反映在脸上和行动上，很难控制自己的情绪。

相反，认知水平越高的人，在遇事时越能全面、客观地做出判断，越能理清利害关系、审时度势，越能很好地控制自己的情绪。

情绪不稳定的人，往往情商也不会高到哪里去，不管是工作还是生活，都会受到其情绪的影响，而且这种影响通常都是比较大的。

情绪稳定，是成年人的标配。认知水平越高的人，生活中鸡飞狗跳的事往往越少。

3. 认知水平越低，格局越小

下面分享一则故事。

有一位读者曾经告诉我，他初中毕业后随村里人到上海打工，在建筑工地里干活，一干就是好几年。

实际上，他的学习成绩很好，中考考上了市里的重点高中，如果继续读书，考上大学并非不可能。

但是，他的父亲却算了一笔账：高中三年、大学四年读下来，不仅要花费很多钱，更重要的是，还浪费了七年的时间，实在太不划算了。

所以，他父亲告诉他："家里不会供你读高中、读大学，识点字就行了，早点出去挣钱，就能早点过上好日子，大学生毕业后还不是一样要找工作？"

这位父亲有一句话说对了，大学生毕业后一样要找工作。

但是，他想不到的是，大学生毕业后找的工作和初中生毕业后找的工作是不一样的，他们所拥有的发展机会也是不一样的，上限更是不一样的。

我们在一生中需要做无数个决定，这些决定的对错往往取决于我们的认知水平。

认知水平越低的人，往往格局越小，做出的决定越没有远见。

认知水平决定了一个人的格局，而格局决定了人生的走向，有时候甚至决定了人生的结局。

我们只有挣脱思维的枷锁，提升认知水平，才能做出富有远见的决定，才能做正确的事，正确地做事，才能走得更远，活得更通透。

挣钱其实没那么难，关键是方式要对

曾有机构晒出一组调查数据：在工作 10 年以上的受访者中，月薪过万的人仅占 22.44%。

也就是说，有近八成的人工作 10 年后月薪没有过万。

我与很多读者有过交流，挣钱是一个绕不开的话题，不少人因收入水平低而感到迷茫，没有安全感。

与此同时，很多人的收入水平高得令人咋舌，让人好生羡慕。对这些人来说，挣钱并不是一件困难的事。

对于挣钱这件事，我的观点是：挣钱其实没那么难，关键是方式要对！

1. 你为什么挣不到钱

为什么很多人挣不到钱呢？

事实上，一个人收入水平低的原因有很多，不能仅仅用努力不够或者能力不行来解释。

一个人的收入水平低，主要有以下七个原因。

（1）努力的程度不够。

不管从事什么工作，努力往往是一切美好结果的前提。

很多时候，你想要拿高薪，想要比别人挣得多，就要比别人付出更多的努力才行。

对工作敷衍、不求上进的人，薪资往往高不到哪里去，因为老板没有给你高薪的理由。

（2）没有入对行，跟对人，做对事。

很努力地工作，就可以拿高薪吗？

答案当然是否定的。

努力只是前提，能拿高薪的人基本都很努力，但努力并不一定就能拿高薪，这要看你有没有入对行，跟对人，做对事。

有些行业的薪资水平相对高一些，而有些行业的薪资水平则相对低一些；有些公司的福利待遇好到令你羡慕，而有些公司的薪资则低到让你怀疑人生。

这没有什么好抱怨的，如果你有真本事，你就离开。没有的话，你就多学一点本事。总之，少说没用的话，多做有用的事。

（3）能力不行，没有拿高薪的资本。

我是一个篮球迷，看 NBA 已经有 10 多年了。NBA 球员的薪资之高，是很难想象的。年薪两三千万美元的球员不在少数，这个收入换算成人民币就是过亿元了。

但是，年薪几十万美元的球员也大有人在。有些球员甚至上一年还能拿几百万、上千万美元的年薪，等到下一年合同到期却连球都打不上，根本没有球队想要他们。

为什么会发生这种情况呢？原因很简单：能力不行，没有拿高薪的资本。

任何一个行业都是如此，业务能力决定着一个人的薪资水平。一个人的专业能力越强，薪资越高，而且各家企业都抢着要。

（4）收入来源过于单一。

有些人的收入水平高，是因为他们有多个收入来源，甚至有些人的副业收入已经超过了主业收入。

这就是所谓的"开源"。

收入来源单一是很多人收入水平低的一个原因，这会严重降低他们抵御风险的能力。

（5）没有养成良好的消费习惯。

说到开源，就顺便提一下节流。

很多人没有养成良好的消费习惯，花钱大手大脚，任性消费，不仅带来很多的限制，还让他们因此失去了很多的可能性。

例如，你想做生意，想跨界尝试新东西，无奈兜里没钱，每月还有各种账单要还，你很有可能就此放弃。

一个人的底气、勇气和格局往往都是建立在一定的经济基础之上的。

（6）底子太差，始终停留在原始积累阶段。

一个人努力、懂事，又懂得开源节流，能力也不差，但收入水平依然很低，很可能是因为底子太差。

滚雪球是积累财富最美妙的方式，从 0 到 100 万元很难，但从 100 万元到 200 万元往往就没那么难了。

底子太差，你就要花很长时间去度过原始积累阶段。

如果是这种情况，那么你只能加倍努力奋斗，坚持下去就是了。

（7）受限于各种原因，错过红利期。

因为林林总总的原因，如懒惰、能力不行等，导致眼界、格局和认知水平受限，从而错过一些新兴行业的红利期，这也是很多人收入水平低的一个原因。

很多行业在发展过程中都会经历野蛮成长期，也可以称之为"红利期"，此时进入，往往能挣到很多钱。

能不能挣到钱，与很多因素相关。找到问题的源头，就离解决问题更近了一步。

这也是我说挣钱其实没那么难的原因。

2. 挣钱的方式很重要

人生很漫长，一时挣不到钱是完全可以理解的，无须过于苦恼伤神，只要挣钱的方式正确，总会有迎来喜人结果的一天。

那么，什么样的挣钱方式才是正确的呢？

基于上述挣不到钱的原因，我总结了六个正确的挣钱方式。

（1）不能混日子，不能懒惰，更不能敷衍工作。

如果有一天，有人能帮你挣钱，或者你的钱能生钱，那么你也许就不用再努力了。

但是，如果这还没有变成现实，那么你就要时刻记住：不能混日子，不能懒惰，更不能敷衍工作。

想要拿高薪，就请亮出你的态度和实力，证明你的价值。

（2）不要羞于背靠大树。

离开了平台的支撑，你可能什么都不是，这在很多时候是真的。

找到一个好的平台，找到一棵可以乘凉的大树，这是一种本事，这在很多时候也是真的。

如果你有机会进入一个好的平台，加入一支有能力带你飞的团队，请不要害羞和排斥，请拥抱它吧。

不要害怕成为螺丝钉，只要你有雄心壮志，就没人可以限制你。

有坚实的基础，做起事情来往往会更容易一些。

（3）可以做斜杠青年，但要有前提。

在当今这个时代，做斜杠青年虽然不是必需的，但却是很有必要的，一来可以开源，多一个收入来源；二来可以抵御风险，让自己多一个备选。

但是，做斜杠青年也是有前提的：无论你有多少条斜杠，一定要有一条斜杠能够支撑你的核心事业。

你的宽度可以很宽，但一定要有一条斜杠是很有高度的，这才是你安身立命的根本。

有人会在下班后做兼职，一小时赚几十元，这并不是不可以，但是不要为了开源而开源。

我想提醒你的是，不要因为挣小钱而忽略了培养自己挣大钱的能力。也就是说，不要让自己忙到没时间成长。

成长很重要，核心技能的培养更重要，切勿因小失大。

（4）别错过风口。

如今，真的有不少机会可以抓住风口，所以你一定要眼观六路、耳听八方，切勿错过机会。

一旦有机会抓住风口，就要大胆地去尝试，不要总是对新兴事物持否定的态度。

一年就能挣到几年的薪资，为什么不去挣？虽然可能一年后就挣不到这个钱了，但你节省了好几年的时间。

知道能挣多少钱和把钱挣到手，这是两回事。

只要你一直在努力，没有懈怠，并拥有一颗跳跃的心，就不会被限制。

（5）别让钱闲着，让钱生钱。

人不能闲着，要不断地丰富自己的武器库，要精益求精。

兜里的钱其实也是一样。

不要让钱在那里躺着，钱躺着，往往你就躺不下来了。最正确的挣钱方式就是你躺着，让钱生钱。

当然，把手里的闲钱用于投资、理财是一个不错的选择，但一定要慎重。

（6）挣钱很重要，健康更重要。

千万不要以命换钱，健康才是最重要的。如果因为某些原因必须得这样，或者已经上了"贼船"，那么请你见好就收，别贪心，别留恋。

人生不仅是下半场拼健康，上下半场其实都在拼健康。失去健康，一切就都没有意义了。

挣钱确实很难，但并非没有技巧，埋头苦干固然很重要，但把握正确的方向，掌握正确的挣钱方式往往更重要。

真正废掉一个人的，从来都不是一份稳定的工作

我在更新公众号文章的时候，经常会以身边的一些朋友的故事作为素材，讲他们如何辞职创业，如何毅然辞去令人羡慕的工作，去过另一种人生。

我时常也会提到一些读者的困惑。有不少读者问我：目前的工作环境过于安逸，像一潭死水，要不要换一份工作，走出去看看？

之所以分享这些，是因为我想告诉大家，世界上总有一些人在努力改变自己，在不断折腾、奋进，他们身上的那种勇气和进取的精神值得我们学习。

这样的人往往比较容易收获成功，更有可能看到不一样的世界，拥有不一样的人生。

但是，这并不意味着有一份稳定的工作就有多么不好，稳定的工作就一定不能干。

我发现有不少读者错误地认为，稳定的工作是阻碍自己前进

的绊脚石，是使自己陷入颓废的根源所在。

这样的认知是很狭隘的。

实际上，真正废掉一个人的，影响一个人成长和进步的，从来都不是一份稳定的工作，而是固化的思维和安于现状的心。

1. 稳定的工作不是洪水猛兽

在父辈们的观念里，稳定是衡量一份工作好坏的重要标准。绝大多数父母都希望自己的孩子能拥有一份稳定的工作，旱涝保收。

不知从何时开始，年轻人开始鄙视和嫌弃稳定的工作，为什么会发生这样的转变呢？

我认为，主要有两个原因。

第一个原因，稳定的工作往往意味着拿一份固定的收入，而这份固定的收入通常不会很高，往往跟不上物价上涨的脚步。时间久了，这份固定的收入恐怕难以满足生活所需。

第二个原因，稳定的工作往往意味着一眼就能看到人生道路的尽头，这不太符合当下年轻人的追求，他们迫切地想要实现自我价值。

也就是说，稳定的工作在收入方面乏善可陈，也无助于实现人生追求。这样看来，稳定的工作被一些有志青年所鄙视，也就不难理解了。

但是，拿一份固定的收入，从事一份稳定的工作，真的就会变成没有人生追求的"堕落分子"吗？

真不是。我举几个身边的朋友的例子。

第一位朋友在大学当老师，他利用业余时间教美术，副业比主业挣得多。

第二位朋友是音乐老师，他在业余时间带了不少学生。

第三位朋友在银行工作，他平时会利用业余时间考事业编制。

第四位朋友是电视台的节目主持人，他在业余时间会花大量的时间研究如何剪辑视频。

第五位朋友白天在公司上班，晚上跑滴滴。

我相信，每个人身边都有一些这样的人，他们拥有一份稳定的工作，但比大多数人都努力。

实际上，所有人最终都在追求稳定。那些努力打拼、不断折腾的人，其实都在追求稳定，只是他们所追求的稳定更高级、更保险、限制更少，能让他们拥有很大的自主权。

所以说，稳定的工作从来都不是洪水猛兽，它不会真正废掉一个人、阻碍一个人成长的。

相反，一份稳定的工作意味着你的生活有了基本的保障，这能够给你带来安全感，也能让你更有底气和资本去做斜杠青年，去做自己想做的事情。

2. 固化的思维才是阻碍一个人成长和进步的罪魁祸首

实际上，真正阻碍一个人成长和进步的是错误的心态，是固化的思维和较低的认知水平。

如果一个人安于现状、不思进取，那么不管他在哪里工作，外企也好，私企也罢，又或者是自主创业，最终都不会取得太大的成就，事业很难有突破。

相反，只要你有一颗进取的心，有向上攀登的欲望，无论多么稳定的工作，也无法阻碍你的成长和进步。

稳定的工作不可怕，固化的思维才可怕。

那么，固化的思维有哪些具体的表现呢？

第一种表现：拒绝学习和改变。

其实，想要获得真正的稳定，就必须具备与时俱进的能力。

判断一个人是否不思进取、思维是否固化的标准之一，就是看他能否持续地学习和成长，是否积极地寻求改变。

为什么有些公司曾经是行业里的佼佼者，却在一夜之间倒闭？为什么有些人的起点很高，却始终难以取得突破，越来越平庸？

最根本的原因很可能是他们拒绝学习和成长，拒绝改变。

例如，你经营着一家实体店，而电子商务持续冲击着传统零售行业，如果你不能与时俱进，迅速做出调整，依然固守传统的经营模式，那么迟早会被市场淘汰。

小到一个人、一个团队，大到一个行业，在这个快速变化和发展的时代，如果拒绝学习和成长，拒绝改变，就很难走得远。

第二种表现：缺乏忧患意识。

稳定的特质是变数少，既然变数少，就容易让人掉以轻心，缺乏忧患意识，做不到居安思危。

这也是稳定的工作被很多人认为是阻碍他们学习和成长的绊脚石的根本原因。

人一旦缺乏忧患意识，往往就不会主动地去学习，通常也就失去了奋斗的动力。

前段时间，某地收费站被撤销，收费站员工面临再次择业。好几位女员工表示，人到中年，学东西也慢了，也学不了什么新东西了，她们根本不知道应该怎么办。

试想，如果她们能早些做准备，充电学习，让自己在收费之外拥有一技之长，即使面临这样的情况，也不至于慌乱无措。

很多职场人士也是如此，所在公司规模不大，工作也不算稳定，但却活得很"坦然"，反正工作也不难找，这家公司不行了，就换另一家公司。

拥有这样的思维和想法是很可怕的，也许他们确实可以找到新工作，但是这些工作不会给他们带来好的生活，也不能改变他们的人生。

每一天都在快速变化着，很少有人可以准确地预测三年后、五年后将会是什么样子。

但我们可以确定一点，如果你始终保持清醒的头脑，坚持不懈地学习和成长，积极地拥抱改变，那么你一定能拥有稳定且美好的未来。

想奋斗，再舒服的工作也拦不住你；不想奋斗，再不堪的工作也会让你沉沦。

一切都在于你的选择，别让固化的思维埋葬你的未来。

别让所谓的"富人思维"毁了你

人与人之间的思维方式差异是很大的，而一个人的思维方式往往决定了他最终能达到什么样的高度。

近年来，"富人思维"这个概念经常被人们提及。关于什么是富人思维，有一则经典的故事。

有一个穷人来到上帝的面前，抱怨社会太不公平，富人每天悠闲自在却能赚到很多钱，而自己每天累死累活却挣不到几个钱。

上帝问他："要怎样你才觉得公平？"

穷人回答："让富人和我一样穷，和我做一样的工作，如果富人还是那么富有，那么我就不再抱怨了。"

于是，上帝让富人变得和穷人一样穷，并给了他们每人一座煤山。他们可以将挖出来的煤卖掉，然后用卖煤赚来的钱买食物，以此维持生存，时间是一个月。

穷人干惯了粗活，挖煤对他来说是小菜一碟。他很快就挖了一车煤，拉去集市上卖了，然后买了很多食物回来。

富人平日很少干体力活，挖了一天才勉强挖了一车煤。他把煤拉去集市上卖了，只买了几个馒头回来，把其余的钱留了下来。

在接下来的日子里，穷人继续每天挖煤、卖煤、买好吃的食物，过得很逍遥。

富人第二天去集市上，用第一天剩下的钱请了两个工人帮忙挖煤，自己在旁边监督。一个上午，这两个工人就给富人挖了好几车煤，富人把煤拉到集市上卖了，又花钱请了十个工人回来帮忙挖煤。

不出半个月，一座煤山就被富人挖光了，因为他手底下有几十个挖煤的工人。富人赚的钱是穷人的好多倍，他用这些钱做起了其他生意，又一次富有起来。

这就是所谓的"富人思维"。

也许我们应该拥有"富人思维"，但绝不能盲目地跟风，因为对"富人思维"理解不到位，反而会毁了你。

1. 勇于挑战并不等于冒失

一个人要富有冒险精神，勇于挑战。

那些成功的生意人或创业者，他们最终能够积累大量的财富，确实是因为有过大胆尝试的冒险经历。

例如，三十多年前，有些人辞去公职下海经商。在很多人眼里，这些人脑子都不太好使，好好的铁饭碗不要，非要去做需要投入资金、充满风险、随时可能会赔本的买卖。

最终的结果证明，下海经商的那些人获得了大量的财富，而且事业有成。

今天的创业者，包括上班族，同样要富有冒险精神，勇于挑战，不要总待在一个封闭的圈子里，安于现状，不思改变。

但是，勇于挑战并不等于冒失。我们在做出大胆尝试之前，应该先做风险评估，确定自己的承受能力。

例如，你最多能承受 50 万元的损失，可是你却做了一件可能会亏损 100 万元的事，这就不太理智了。

当然，你可以举例说，谁谁谁欠了几亿元，最后也翻身了，我们应该有这样的"富人思维"。

但是，比例呢？

这种情况、这种人所占的比例很小，别拿个别的例子说事。

真正的富人思维应该是大胆设想、小心求证。

也就是说，要有一颗折腾的心，不安于现状，但执行起来要谨慎小心，认真对待。

不是招几个人在你手下做事，你就是老板，你就拥有真正的富人思维了，这种表面功夫根本没有意义。

为什么很多人创业最终以失败告终，还负债累累，有些人还款无望，甚至想不开寻短见呢？

这是因为他们在创业时仅凭一腔热血，事先没有进行很好的规划和评估，也没有做好心理准备。一旦有大一点的风浪打过来，他们就会人仰马翻，翻不了身。

冒险并不等于冒失。

很多攀登珠穆朗玛峰的人在登山前会做长达半年以上甚至一两年的准备，他们可不是买张机票飞过去就开始登山的。

所以，我们要学习，要提高自己的能力，要积累经验和资源，要好好沉淀，为将来铺路。

2. 肯花钱并不等于乱花钱

肯花钱，把钱当成资源，这也是一种比较典型的富人思维。那些喜欢用钱来买时间的人，更容易获得成功。

下面讲一个我表哥租房的故事。

他找房子的标准很简单——距离公司近。为什么要选距离公司近的房子呢？

因为这样的房子能帮他节省大量的时间。在大城市上班的人对此应该都深有体会，不少人从家到公司至少要花两小时。

所以，他要花钱把这些时间买回来，然后用于学习、阅读、健身和社交，做更多对他发展有益的事情。

他说，有时候他会故意留在公司加班到很晚，这样能给领导留下他对工作很认真的印象。毕竟，他家距离公司很近。

虽然一年下来房租相比之前多花了一两万元，但这笔钱产生的实际价值却远远超过这一两万元。

这才是真正的富人思维——肯花钱，懂得把钱当成资源来用。

但是，消费并不等于投资，肯花钱并不等于乱花钱。会花钱，将钱的价值最大化才是真正的富人思维。

例如，在上面讲的那则故事中，穷人将钱花在了买好吃的食物上，日子过得很舒服，但富人是怎么做的呢？

富人对自己很抠，辛苦了一天，只给自己买几个馒头吃，但却毫不犹豫地将钱花在请工人上。

因为这些工人能帮他创造更大的财富，所以他花起钱来毫不犹豫，这也很好地说明了职场中的真相是什么。

公司花钱请你做事，当你抱怨公司抠门的时候，想一想你能为公司创造多少价值。换个角度思考一下，如果让你当老板，说不定你比你的老板还要抠门。

工作能力越强，挣得往往越多。华为公司给一些员工发100万元的年终奖，是因为这些员工工作能力强，他们为公司创造了高于100万元的价值。

所以，不要有点钱就把钱花在吃、穿、玩上，要懂得投资：投资身体，让自己更健康；投资大脑，让自己更有智慧；投资人际关系，让自己获得更多的帮助和支持；投资理财，让钱生钱。

总体来说，拥有真正的富人思维的人有以下五大表现。

- 自律，懂得自我管理。
- 保持警惕，居安思危。
- 不只顾眼前利益，更要思考未来和潜在价值。
- 追求稳健增长，有稳定的经济来源。
- 乐于接受并勇于尝试新鲜事物。

正确的思维方式是一种真正的财富，每个月、每年挣多少钱只是纸面上的财富而已。只要你拥有真正的富人思维，就不怕挣不到钱。

年轻人，务实一点没什么不好

我发现很多年轻人都挺有情怀的，特立独行，勇敢做自己，对钱嗤之以鼻，觉得谈钱很俗气。

有一次，我与一位"95后"女孩聊天，她是南京艺术学院毕业的。

她对我说，现在这个社会很功利，每个人都在追逐金钱，人生应该有更高的追求。

她就是一个很有追求的人，她梦想成为一名能够留下惊世之作的画家，背上行囊去看世界，只画自己喜欢的、自己觉得有价值的东西。

她在毕业后的一年里换了三份工作，辞职的原因简单且一致：她认为自己遇人不淑，老板都过于功利，让她做的东西都是冲着赚钱去的，没有情怀，与自己的价值观格格不入。

如今，她赋闲在家，计划先出去旅游一趟。

我倒不是在批判这位女生，相反，我很羡慕她。一来，她真的是一个在认真做自己的人；二来，她家境富裕，父母健康，她有底气去做自己。

但是，并不是谁都有这样的条件和资本。所以，你必须努力，这样你才能得到你想要的生活。

知乎上有一句话说得很好："当你感到生活不那么累时，一定是有人在替你负重前行。"

所以，如果你没有殷实的家底，替你负重的人又没那么强大，那么我希望你在年轻的时候务实一点。这没什么不好，而且很重要。

1. 为什么年轻时要务实一点

这个世界并不宽容，随着你年龄的增长，它会变得越来越不宽容。如果你没有资本作支撑，往往会举步维艰。

这是我作为一个过来人最直观的感受。

刚毕业的那段日子，是我这些年来最快乐的时光。虽然那时候很穷，但真的是穷开心，经常三五个朋友聚在一起，要么下饭馆，要么买菜去我租的房子里做饭。酒杯碰撞，都是青春的声音。

那时候，当然也会有迷茫和苦闷，但月薪三四千元依然可以活得没心没肺，不会想那么远。

在人生的不同阶段，人要扮演不同的角色，承担不一样的压力。

有人戏称，鼻涕虫恶心，蜗牛可爱，区别就在于蜗牛身上有套房。我也逐渐认识到了这一点，我想成为一个可爱的人，所以我得有套房。

两年后，我的角色发生了变化，从一无所有的穷小子变成了有房一族。这条路走得很苦，但这只是开始，接下来会更苦，即便月薪过万，我仍会感到很焦虑。

又过了几年，我成了一位父亲，与身份一起发生变化的还有钱包。我必须让钱包更鼓一点，才能维持家庭的正常生活。这时候，我发现月薪两万元根本就不够用。

再过十年，再过二十年呢？

父母老去，孩子成长，我们身上的担子会越来越重，而能实实在在帮助我们减负的，恐怕只有钱。

多年以后，当我们的家人因为生病躺在医院里时，那些所谓的情怀和远方救不了他们，只有医药费可以。

有人说，世界并不友善，那些被善待的人手里都握着保护费。

很多时候，务实并不是俗气，而是成熟，明白什么是责任和担当。

2. 不务实往往是懒惰的遮羞布

不知道是我已经俗到骨子里了，还是现实就是如此，我始终认为，绝大多数人都是爱钱的，都是务实的。

但是，为什么很多人表现出来的却不是这个样子的呢？

因为懒惰，而且想懒得理直气壮、有理有据，所以"我想做自己""我不喜欢这么功利"就成了一块很好的遮羞布。

实际上，很多人打着这种幌子整天混日子。

有人说，他想成为一名作家，希望给自己留一些时间从事创作，所以拒绝了一份工作强度大、工资很高的工作，转身一头扎进了比较轻松的工作环境里。

这样选择看起来挺有道理，一边工作一边坚持自己的梦想，标准的上进青年，未来的人生赢家。

几年过去了，他依旧还是老样子，工作没有起色，离作家的梦想越来越远。

因为这几年，他根本就没有利用工作之余全力以赴地追逐梦想，想起来才写点东西，十天半个月才动一次笔，而把大量的时间用在了享乐上。

你说他不努力，他反驳说你这个人功利。但他到底是不务实还是懒到骨子里了，只有他自己清楚。

世界上真正不食人间烟火的人极少，而且他们背后往往都有其他力量在支撑着他们。大多数人都是普通人、世俗之人，有些人之所以对钱表现出不在乎的态度，很可能只是因为没能力挣到罢了。

其实，情怀、远方、梦想与务实、挣钱并不冲突，功利也不代表就没有情怀和梦想。

很多时候，梦想是需要经济基础作支撑的，这恐怕才是现实。

在年轻的时候，我们可以去做自己喜欢的事，认真地做自己，追逐诗和远方，但也应该认识到经济基础的重要性。

假装不在乎钱，假装身上都是仙气，这些都只是装腔作势罢了。与虚伪地活着相比，务实一点没什么不好的！

放下面子，才能真正活得体面

俗话说，人活一张脸，树活一张皮。

在很多人看来，面子是头等大事，保持体面是最要紧的事，哪怕内里已经千疮百孔，但面上一定要光鲜亮丽。

这是很多人都患有的心病，也是限制其向上走、向高处攀登的一个主要原因。

我曾和一位读者聊天，有句话叫"可怜之人必有可恨之处"，这句话用在他身上再合适不过了。

某一天晚上，这位读者在微信上给我连续发来几段文字，大意是，人到中年，上有老下有小，工资不高，生活压力很大，浑浑噩噩地过了这么多年，很后悔。

我对他说，情绪确实需要发泄出来，但这不能解决问题，如果你觉得生活压力大，经济条件不是很好，那么你就想办法多挣点钱，兼职去做点什么也好啊。

后来，我们聊到了送外卖、跑滴滴这些门槛相对较低，且能迅速上手的一些工作。他表示，这些工作他是不会考虑的。

为什么不考虑呢？

并不是他吃不了苦，而是他觉得做这些工作没有面子。

他说："我所在的城市是一个三线城市，地方不算大，万一工作时遇到熟人，会很尴尬。我毕竟也有正式的工作，兼职做这些工作挺丢脸的。"

不得不承认，他说的有几分道理，也是人之常情。

但是，你既然需要钱，又没有其他特长，如果连这些基础的工作也不想做的话，那么如何才能解决问题呢？

这同样是一个很现实的问题。

我知道，他找我聊天其实就是想找个人宣泄一下情绪，释放一些生活压力，发泄完之后，还是老样子。

很多人都是如此。他们其实很清楚向上的路怎么走，问题应该如何解决，但出于对面子的考虑，往往选择按兵不动，一切照旧。

哪怕这个按兵不动的结果是继续在苦海里遭罪，他们也在所不惜！

在任何时候都要保持体面，这种认知已经深入到很多人的骨子里。

1.真实人生：死要面子活受罪

有一次朋友和妻子逛完商场出来，颇有感慨地说："挺有挫败感的，我发现满世界都是有钱人，所有人都过得比我好。"

对此，我有过类似的感受，感觉现在的人真的很有钱，七八千元一部的手机随便买，人均消费几百元的餐厅挤满人，朋友圈里到处是说走就走的旅行。

实际上，很多光鲜亮丽都只是表象，撕开一看，内里却早已千疮百孔。

我曾在网上看过一份调查报告，这份报告说"90后"人均负债高达 12 万元，是其月收入的 18 倍。

我不知道这份报告里的数据是否真实，但我知道很多人正在被所谓的"精致生活"拖垮，被面子掏空了里子。

我曾看过一则新闻报道。一位"90后"女护士欠了几十万元的网贷。她的母亲替她偿还了这笔债务之后，她继续偷偷贷款。

后来，发生了戏剧性的一幕。她的母亲拿出领养证对她说，其实你并不是我的亲生女儿，随即将其赶出家门。

这位女护士为什么会欠下这么多债，并且还一直偷偷贷款呢？

经过她的允许，记者查看了她的月账单，发现她每个月的消费额很高，少则两万元，多则三四万元，而她的月薪只有八千元。

每个月花好几万元，都花在哪里了呢？

她回答："体面而精致的生活。"

出门必打车；精品美食店必打卡，星巴克随便买；同事买了好看的包，自己必须也要买一个；晚上和朋友逛街、泡吧；周末即使只有两天，也要坐飞机出去玩一趟，来一次说走就走的旅行……

这样的生活很有面子，但被人催债的日子却着实不好过，甚至可以用"悲惨"二字来形容。

美国作家丹·格林伯格说："如果你想过悲惨的生活，那么就去跟别人比较吧。"

不少人与别人比较，只是为了面子。

有些人陷入不幸的人生，往往就是因为过于看重面子。

2. 放下面子，才能真正活得体面

作家亦舒说："面子是一个人最难放下的，又是最没有用的东西。"

我们可以这样理解这句话：你放下了面子，就等于放下了一个没用的东西。

把没用的东西放下，对你的人生大有裨益。

（1）放下面子，不再攀比，你会活得很舒爽。

别人买了一个名牌包，我也要买一个；别人开了一辆好车，我也要买一辆，这种攀比的心理让很多人的人生偏离了正轨。

实际上，无节制的消费并不等于精致的生活。你买了一个名牌包，并不等于你就拥有了精致的生活。

当你的经济实力不足以支撑你的虚荣心时，一时的舒爽会给你带来长时间的痛苦。

当你放下面子，不再与别人攀比时，人生中的很多烦恼就会烟消云散，你会获得真正的自由，活得舒爽。

这样的人生，才称得上精致。

（2）放下面子，成长得更快，得到的更多。

在生活中，你应该有过这样的经历：面对问题，你不好意思向懂的人请教，就可能一直都搞不懂；如果你能放下面子，多问一句，就能多学一些东西。

孔子说："敏而好学，不耻下问。"

真正优秀的人往往能做到谦逊好学。这是因为他们能放下面子，乐于向别人请教，哪怕这个人的地位比自己低，学识也不如自己。

真正优秀的人深知这一点，面子事小，成长事大。

一个人若能做到如此，定能不断成长。

这样的人生，才称得上体面。

（3）放下面子，人际关系更和谐。

在人与人相处的过程中，因为面子而导致的悲剧不在少数。

一位丈夫因为妻子对自己说话的声音大了一点，感觉在朋友面前丢了面子，继而与妻子争吵；有人因为在饭桌上没有得到足够的重视，继而耿耿于怀……

实际上，你越是如此，越丢人。

当你放下面子时，反而更容易获得别人的尊重，人际关系也会更加和谐。

（4）不在意别人的眼光，日子更舒坦。

李嘉诚说，当你放下面子赚钱的时候，说明你已经懂事了；当你用钱赚回面子的时候，说明你已经成功了。

文章开头的那位读者，如果他能放下面子，不在意别人的眼光，在工作之余做兼职，多增加一些收入，我相信他的日子会比目前更舒坦。

一个人如果总是活在别人的期许里，太过在意别人怎么看，那么他就在无形之中给自己的人生上了很多道枷锁。

日子是自己的，怎么过理应由自己掌控。

当你放下面子，做你真正想做的事情时，你的日子才真正变得舒坦。

很多时候，想要得到，先得学会放下，这是一种智慧，也是一种成熟的表现。

比勤奋更重要的，是懂得运用复利思维

有一则很经典的故事，内容大致如下。

有一个国王想奖赏国际象棋发明者。

国王问国际象棋发明者想要什么奖赏，国际象棋发明者对国王说："我要的奖赏也不多，只要在棋盘上的第一个格子放一粒米，第二个格子放两粒米，第三个格子放八粒米，第四个格子放十六粒米，按照这样的方式把整个棋盘的 64 个格子都放好米就行。"

国王一听，觉得这太容易了，就随口答应了。

但是，国王很快就发现自己并没有这个实力，即使把国库里的粮食全给了国际象棋发明者，也远远不够。

按照国际象棋发明者所说的方式，第 64 个格子应该放的米粒数是 2 的 63 次方，也就是 9 223 372 036 854 775 808 粒米。

一粒米的重量约为 0.016 克，算下来，第 64 个格子应该放大约 1475 亿吨米。

1475 亿吨米，这是什么概念呢？

联合国粮农组织公开的数据显示，2017 年全球粮食产量约为 26.27 亿吨，2018 年全球粮食产量约为 25.87 亿吨。

也就是说，第 64 个格子所需要的米相当于全世界 60 年粮食产量的总和。这只是一个格子，如果算上另外 63 个格子，那将是一个非常庞大且惊人的数字。

之所以讲这则故事，是因为我想引出一个概念——复利思维。

爱因斯坦说："复利是世界的第八大奇迹。"

通过上面的这则故事，你应该能领略到复利的神奇之处。

所谓复利，就是厚积薄发，起初很不起眼，但经过长期的积累，最终将实现指数级的增长。

一个人的人生最终会达到什么样的高度，往往取决于他是否具备复利思维。

从某个角度来说，懂得运用复利思维比一味埋头苦干更重要。

很可惜的是，很多人都不具备复利思维。

如果一个人能够运用复利思维获得以下三种复利，那么他的人生一定不会差到哪里去。

1. 能力复利：最坏的结果无非就是大器晚成

当你很努力地做一件事，最终却得不到想要的结果甚至看不到成果的时候，就会很容易陷入迷茫，质疑自己的努力是否有意义。

努力到底有何用？

这个问题是我在做公众号的这几年里，时常听到读者问的一个问题。

曾经有一位读者颇为沮丧地对我说："在工作的两年里，我时刻鞭策自己，要想留在这座城市，就一定要努力奋斗。我是公司里每天来得最早、走得最晚的人，但不论工资还是职位，都没有明显的提升。我感觉心好累，现在工作起来一点激情也没有。"

我能理解这种感觉。可以说，努力过的人，大多都经历过这样的挣扎和迷茫。

我对他说："你要做两件事，一是要进行复盘总结，看看努力的方向对不对，方法对不对，效率高不高，跟的人对不对；二是要学会复利成长，保持耐心，每天进步一点，坚持下去。"

一个人如果能不断地获得能力复利，最坏的结果无非就是大器晚成。

传说古代人训练大力士有一种方法。

他们让小孩子每天抱着小牛犊上山吃草。小牛犊大概有十多斤重，小孩子完全能胜任。

就这样，随着小牛犊一天天长大，孩子们的力气也越来越大。最后，小牛犊长成了几百斤重的大牛，这些孩子也成了力能扛鼎的大力士。

不积跬步，无以至千里，成长和进步是需要日积月累的。

别小看那一点点的成长，只要你坚持下去，不断地积累，总有一天会爆发出惊人的能量。

有一个很经典的公式，大家可以看一下。

$$1.01^{365} = 37.8$$
$$0.99^{365} = 0.03$$

假设目前的状态是 1，1.01 就代表每天进步一点的人，而 0.99 则代表每天退步一点的人。

虽然 1.01 和 0.99 的差距很小，但经过 365 天的积累，最终的差距将是巨大的。

如果把每天进步或者退步的幅度放大，那么结果将更加惊人。

$$1.02^{365} = 1377.4$$
$$0.98^{365} = 0.0006$$

所以，努力并不是没有意义，而是你还没有到达爆发的临界点，你还要再坚持一下。

如果你能坚持每天进步一点，不出几年时间，你就能把绝大部分人甩在身后。

同理，如果你每天浑浑噩噩地混日子，今天退步一点，明天退步一点，时间久了，你就再也追不上前面的人了。

2. 财富复利：加快迈向财务自由的步伐

网上曾有一个很火的话题：月薪 10 000 元和月薪 100 000 元的真实差距有多大？

有网友分析，两者之间的差距看起来只有 10 倍，但实际差距却是 100 倍。10 年之后，月薪 100 000 元的人资产可能会达到上千万元，而月薪 10 000 元的人可能是一无所有。

这 100 倍的差距是怎么算出来的呢？

网友以在上海生活为例进行分析：租房、吃饭、交通和社交等生活成本是必然会产生的，月薪 10 000 元的人除去必要的生活成本 7500 元，每个月只能剩下 2500 元；而月薪 100 000 元的人，就算每个月的生活成本是 25 000 元，每个月还能剩下 75 000 元。

这样算下来，月薪 10 000 元的人和月薪 100 000 元的人的实际收入差距就是 50 倍。

更现实的是，月薪 100 000 元的人每个月能储蓄 75 000 元，很快就能攒够买房子的钱；而月薪 10 000 元的人每个月只能储蓄 2500 元，即便攒很久的钱，也很难买到房子。

月薪 100 000 元的人买了房，一来可以省去租房的支出，二来房子也在不断增值。这样算下来，10 年之后，月薪 10 000 元和月薪 100 000 元的人之间的差距可能上百倍。

这样计算有没有问题呢？大家见仁见智。

我的观点是，在积累财富方面，确实存在马太效应。

一个人若能持续获得财富复利，就能加快迈向财务自由的步伐。

很多人收入水平高，不买奢侈品，也没有很大的开销，但就是存不下钱，问题就出在消费上。

以抽烟、喝咖啡这些常见的消费为例，在一个家庭中，丈夫每天抽一包烟，妻子每天买一杯咖啡，虽然一包烟和一杯咖啡的价格只有几十元，看着不多，但日积月累，就会是一笔很大的开销。

例如，按一天 50 元计算，一个月就是 1500 元，一年就是 18 000 元，五年就是 90 000 元。

如果减少这种不必要的开销，把这笔钱用于投资或理财，获得财富复利，那么几年以后就可能获利几万元的收益，这一进一出，就是十几万元的差距。

很多时候，你不是挣得钱太少，而是不必要的开销太多，不懂得如何获得财富复利。

3. 健康复利：人生更保险、更美好

接下来，我想说说健康。

在我看来，健康最重要。

冰冻三尺，非一日之寒。一个人的身体出现问题，基本都是长年累月造成的，主要是没有养成良好的生活方式和工作习惯，如抽烟、喝酒、熬夜、不爱运动、久坐久站等。

我们要摒弃不良的生活习惯，努力养成好的生活习惯。

从短期来看，可能不会有太大的效果，但经年累月下来，你就能获得完全不一样的人生。

我希望你能从当下开始，持续地放大健康复利，因为这是你人生中的头等大事。

勤奋固然很重要，但如果没有复利思维，不懂得持续获得并放大能力复利、财富复利和健康复利，这样的勤奋就会很低效。

这也是很多人在认知上的一道枷锁，亟须打开。

视界破局

远见决定未来，眼界决定世界

真正有远见的人，会做好这三点

人无远虑，必有近忧。

我曾写过一篇文章，讲的是职场人一旦过了 35 岁，就会遇到很多问题，很可能就不再那么受人待见了。

这篇文章让很多读者感到不舒服。

我知道这样的论调会让很多人感到不爽，但即使你再不爽、再不认同，现实问题还是摆在那里，中年危机还是在那里等着你。

实际上，我写那篇文章是为了说明职场人士到了 35 岁以后可能会遇到的一些现实情况，并不是要否定某个群体。

我希望大家能够有所警醒，不要在遇到这种情况时手忙脚乱、茫然无措，我希望大家都能做有远见的人。

真正有远见的人往往能做到未雨绸缪，能做到这一点，人生往往会很美好。

那么，真正有远见的人是什么样的呢？

我想无外乎这三种模样。

1. 懂得投资自己

为什么很多父母特别重视孩子的成绩，天天带着孩子上各种辅导班，自己吃再多的苦也要把孩子培养出来？

我想，大多数父母都是因为爱和担忧。

之所以会为孩子的未来担忧，是因为他们知道社会有多么残酷，现在不吃苦，以后就会吃更多的苦。

所以，有远见的父母往往都比较"狠"。

当然，也有一些父母的教育方式过于偏激，最终酿成了悲剧，这确实值得我们警醒。

但这个道理是对的：你不优秀，就容易被淘汰出局。

巴菲特在接受采访时说，有一种投资好过其他所有的投资，那就是投资自己。没有人能夺走你学到的东西，每个人都有这样的投资潜力。

真正有远见的人，一定是懂得投资自己的。他们会努力让自己变得越来越优秀，越来越强大。

前路漫长且艰难，你必须要做好充足的准备，唯有如此，才能抵御未来路上可能袭来的各种暴击。

现实的情况是，很多人做不到如此，或者说，根本没有这个意识。

上班时，糊弄工作，随随便便，敷衍了事；下班后，糊弄自己，浑浑噩噩，颓废生活。

安逸一时爽，但安逸的代价往往是巨大的，除非你现在就已经拥有了安逸的资本。

一个下班后总是追剧、玩游戏、刷视频的人和一个下班后去图书馆、上培训班、泡健身房的人，他们的人生是完全不同的。

人的一生，就是一个不断付出和收获的过程。

要想在未来的某个时刻收获颇丰、光彩夺目，就得在今天努力付出，熬过黯然无光的日子，不断沉淀。

2. 下笨功夫

为什么很多人明知道阅读很有意义、健身很有意义、投资自己很有意义，但就是坚持不下去呢？

因为在短期内看不到效果，或者说，要想看到效果，必须长时间地付出，所以他们选择了放弃。

现实的情况是，世界上极少有一蹴而就的成功，绝大部分成功都需要日积月累的坚持和努力。

歌手许嵩在演唱会上说过这样一番话："有朋友跟我说，你总是埋头在写歌、创作、发专辑，也不融入娱乐圈娱乐一下，光靠做音乐是没有出路的。但是，今晚这座万人体育馆座无虚席，你们帮我证明了，光是埋头写歌、做音乐，一样很有出路。"

真正有远见的人，往往都在下笨功夫，日拱一卒。

个人也好，团队也罢，那些能够走得很远的人，没有一个不是在埋头苦干、精益求精、用实力说话的。

更重要的是，如果你想走得远，就必须这样做。

这就是远见，也可以说是格局。

梁博在拿了《好声音》的年度冠军之后，在最火的时候，没有和其他人一样接商演、上综艺节目，而是选择了"消失"。

五年后，他带着自己的原创歌曲《灵魂歌手》强势回归，登上了《歌手》的舞台，在内投环节获得了第一名。

在近期热播的综艺节目《我是唱作人》中，梁博在解释自己为什么在最火的时候选择"消失"时说："我不得有东西嘛，没东西，我出来干啥呀！"

如今，越来越多的人开始喜欢这个性格古怪、不善言谈的音乐才子。

我挺喜欢胡适在北京大学毕业典礼上演讲时说的一句话："你要深信，天下没有白费的努力，成功不必在我，而功力必不唐捐。"

你努力付出不一定能得到你想要的结果，但你的付出一定会有意义。肯下笨功夫的人，往往是真正的聪明人，也是最有远见的人。

所以，只要你正在做的事情是有意义的，就不要轻易放弃，不管是工作还是生活，都是如此！

3. 注重健康

作家村上春树在文学上的成就众所周知。他不仅高产，而且每部作品都是经典。他还是一位长跑爱好者，曾多次参加马拉松比赛，并且取得了不俗的成绩。

有意思的是，跑步原本不是村上春树的爱好。他跑了几十年，纯粹是被逼出来的。

村上春树在《当我谈跑步时，我谈些什么》中解释了他跑步的初衷。

他说，我33岁那年秋天决定以写小说为生，为了保持身体健康，我开始跑步，每天凌晨4点起床，写作4小时，跑10公里。

职业作者通常要一天伏案工作很长时间，这对体力来说是一个极大的挑战。

为了让自己更加高效，为了能在写作这条路上走得更远，村上春树决定要过健康的生活，他选择了跑步这种方式，这一跑就跑了几十年。

我想正是这种正确的生活方式，才让村上春树在文学上取得了耀眼的成就，成了文坛的常青树，而且非常高产。

一个真正有远见的人，一定是非常注重身体健康的，一定是特别自律的。他们会努力使自己养成一些好的生活习惯。

没有好的身体，没有健康的体魄，一切都是空谈。

这也是为什么很多企业家都有健身和阅读的习惯。很多时候，并不是他们喜欢做这些事，而是他们想走得更远，就必须做这些事。

我在文章里多次强调健康的重要性，有一个原因是我见证过死亡。

我曾与一位写小说的朋友聊天，他透露，在他们的那个圈子里，这两年有几位相识的作者相继去世了。

长期久坐、伏案工作、不规律的作息，这些不良习惯导致很多作者的身体状况都亮起了红灯。

在这方面，我深有体会。去年年底，有一段时间我曾连续失眠、心悸，当时很害怕自己的身体出现问题。

努力很重要，但健康更加重要，因为健康是高效工作、走得更远的前提。

人生的路很长，要想走得远，现在就要开始做准备了！

对舒适区的态度体现了一个人的层次

职场人士对于"996"的讨论从来没有断过。很多人控诉这样的制度，无非就是觉得太苦，太不人道了。

聊这个话题的人非常多，再讲也没什么意思，不如聊一聊舒适区这个话题。

一个人会做出怎样的选择，有时候看看他对舒适区的态度就知道了，这种态度往往决定了他的层次。

1. 舒适区可能正在慢慢地"杀死"你

你肯定听过温水煮青蛙的故事，虽然后来有人做过实验，证明真相并非如此，但这则故事所传达出的道理，我还是比较认可的。

你所贪恋的舒适区，可能正在慢慢地"杀死"你！

这句话到底是在贩卖焦虑，还是在陈述事实呢？

我不拿名人来举例，我们就从审视自己人生的角度来看看这句话。

如果你目前的处境不够好，那么你可以回头看看自己走过的路，看看问题的源头是不是你在本该奋斗的时候选择了安逸，从而错过了成长的机会。

你扪心自问，是不是挺后悔的，真的希望可以重新来过？

反过来看，如果你目前的处境还不错，那么你也可以回头看看自己走过的路。

你扪心自问，是不是挺庆幸自己当初使劲折腾，挺感谢那个能吃苦又耐劳的自己？

看一个人是不是在走下坡路，只需要看看他是不是变得不自律了，变得拖延了，变得懒散了。这些问题统统指向一个根源——不愿离开舒适区。

你吃完了就躺着，总是懒得运动，身材能好到哪里去？你有时间就抱着手机玩游戏、追剧，成长能快到哪里去？

在综艺节目《我和我的经纪人》里，演员乔欣被经纪人问到如何安排自己的 2019 年时，她吐露心声，说她想不停地工作，一天也不休息，工作能让她感到安全。

很多时候，你付出多少，就能得到多少回报。

你想要拿高薪，想要快速成长，想要在人前出彩，那么你走的路必然要比别人辛苦一点。人不能在羽翼尚未丰满时，活得太舒适。

我想，这恐怕也是"996"存在的根源之一。

企业要想突围，要想应对来自行业内外的各种挑战，就要跑得快、下狠功夫，所以大家都在拼速度、拼狠劲。企业为了发展

第二章　视界破局：远见决定未来，眼界决定世界

产生了这样的需求，员工就不得不去满足这个需求。

事实上，有些公司的制度比"996"更加不人道，更加残酷。

我并不是声援和支持"996"，只是希望你能明白这种制度存在的原因。

同时，你要思考两个问题：有没有必要如此辛苦？付出这么多的努力有没有意义？

如果有，那么就不要抱怨；如果没有，那么就离开。

2. 舒适区并不是洪水猛兽

凡事都不能一刀切，面对舒适区这个问题也是如此。

上面讲了很多，并不是要你把舒适区一棒子打死，更不是要你盲目地跳出现在的环境，而是希望你能有所警醒。

常有读者问我，现在的工作环境太安逸，应不应该离开。在这种情况下，我通常会建议他们慎重考虑，别中了跳出舒适区的"毒"。

不得不正视的一种情况是，很多人的人生走下坡路，往往就是从盲目折腾开始的。

下面分享一则故事。

有一位读者之前在某家公司上班，职位是部门主管，待遇挺不错的。在看了一些文章后，他觉得很有必要打破现状，走出舒适区。

所以，他不顾家人的反对，毅然选择了辞职，跑去创业，结果折腾了两年，钱没挣到，还欠了好几万元的债。

虽然几万元的债并不算多，但这两年没有挣到钱，这一正一反算起来，损失就很多了。而最头疼的问题是，接下来应该怎么办？

回之前的公司？不太可能。重新找一份工作，从头开始？年龄又比较尴尬。

我觉得现在有一种风气很不好，那就是不分青红皂白地鼓励别人走出舒适区，好像不跳出目前的环境就有多么不思进取似的。

事实上，拿固定工资也好，工作安逸也罢，这些都不是洪水猛兽，关键在于你到底是如何活着的。

我见过很多的斜杠青年，他们往往有着多重身份，既是公司职员，又是瑜伽教练，还可能是网络作家，有些人甚至在外面有自己的公司和门店。

很多时候，有一份可以托底的工作也挺好的。

走出舒适区之后，成长得快，上升得快，这种想法没有错，但在行动之前一定要冷静思考、理性分析，看看这种做法是否适合自己，自己应该怎么走出去。

这也是我说对待舒适区的态度体现了一个人格局的原因。

格局越大的人，往往越理性，越稳扎稳打，越有自己的安排；格局越小的人，往往越盲目，越人云亦云，越容易被别人煽动。

切记，别让舒适区毁掉你的人生，也别单纯为了走出舒适区而盲目地行动！

自律的程度决定了你人生的高度

某一年的除夕夜，读者炎炎许下了新年愿望：不再熬夜，早睡早起。

这个不大不小的愿望，之前也许过，但每一次都未能实现，变成了空头支票。

用一句开玩笑的话讲，就是总处于一种"间歇性踌躇满志，持续性混吃等死"的状态。

后来，炎炎给我发信息，我隔着手机屏幕都能感受到她的兴奋。

她说："谢谢您的文章和建议，告诉您一个好消息，我已经连续 32 天没有熬夜了，现在的感觉真好！"

我回复她："当你一点一点改掉身上的缺点，看着自己越来越自律、越来越优秀时，那种感觉简直太爽了。"

炎炎表示认同。

虽然戒掉熬夜才一个月，外表看上去好像没什么变化，但炎炎说她心里很清楚，无论身体还是心理，她都有了很大的转变。身体状态更好了，人也更自信了，心态变得更好了。

一个人有多自律，人生往往就有多美好，就有多自由。

这真不是一句虚言！

1. 你有多自律，人生就有多美好

先来看一句话：一个拥有美好人生的人，肯定是比较优秀的。

这里说的"优秀"并非指事业上有多么成功，毕竟事业成功的人的人生不一定有多么美好。这里说的"优秀"其实是对一个人的综合评价，包括能力、性格和生活态度等。

你想要美好的人生，就要先让自己优秀起来。这个逻辑，我想应该没有人会反驳吧。

那么，优秀的人和不优秀的人，他们的差距在哪里？或者说，最明显的区别在哪里？

我认为，答案就两个字——自律。

很多人工作了很多年，仍然一事无成，没有长进，路越走越窄，人生也越来越灰暗。

还有一些人，他们走着完全相反的路，似乎每一天、每一年都在成长和变好，让你心生羡慕。

这两种人最大的差距就在于是否自律。

不自律的人就像故事"小猫钓鱼"里那只三心二意的小猫，一会儿追蝴蝶，一会儿抓蜻蜓，做事不专注，吃不了苦，也耐不住寂寞，很难成长和进步。

自律的人往往能够管住自己，克服惰性，制订了计划就能坚决执行。

一开始，这两种人的差距并不明显。日复一日、年复一年，他们的差距逐渐变大，而且差距拉开的速度也越来越快。

这也是为什么在毕业五六年后，曾经差不多的人会有天壤之别，已经完全不在一个层次上，而且后面的人很难再追赶上已经跑在前面的人。

我讲这些，并不是想站在道德制高点对人说教，毕竟每个人都有选择自己喜欢的生活方式的权力。

有人说，我就喜欢随心所欲、安于现状地活着，下班打游戏，看电视剧和电影，刷短视频，吃零食，这就是我想要的生活。

如果你选择过这样的生活，当然没有问题，但我希望你能明白两点：第一，你的这种选择，往往不会带来美好的结果；第二，不同的选择会带来不同的人生，你是可以有另一种选择的。

自律是拥有美好人生的前提，你有多自律，才可能有多优秀，你的人生才可能有多美好。

2. 你有多自律，人生就有多自由

这句话乍听起来很矛盾，因为在很多人看来，自由就是随心所欲，想做什么就做什么，而自律往往是痛苦和不自由的，与洒脱根本不沾边。

在知乎上有一个问题：你最深刻的错误认知是什么？

点赞最高的回答说的是对自律和自由的认知。这位答主说："我以为自由就是想做什么就做什么，后来发现只有自律的人才会有自由。"

应该怎么理解这句话呢？

我们先来看《克雷洛夫寓言》里的一则很有意思的故事。

一位骑师驯了一匹好马，他认为给这匹马加上缰绳是多余的。

有一天，他骑马出去，就把这匹马的缰绳给解开了。

没有了束缚，这匹马在原野上欢快地飞奔起来，呼吸着自由的空气，越跑越大胆，一路狂奔，结果骑师从马背上摔下来了，摔得鼻青脸肿。

而失去控制的马一直往前冲，什么也看不见，什么方向也辨不出来，最后冲进了深谷，粉身碎骨。

一条缰绳左右着一人一马的命运，这条缰绳就是我们通常所说的自律。

缰绳的存在，看似限制了马匹的自由，实则是自由的最大保障。

脱缰的马匹，最终因迷失方向而惨死；不自律的人生，最终会因为失控而惨淡收场。

因为不自律，在本该埋头努力学习和提升自己的时候，选择了安逸和享乐，那么日后在工作和事业上的自由度就会大大降低，失去选择的余地。

因为不自律，管不住自己的嘴，胡吃海塞，暴饮暴食，无节制地熬夜，懒得运动，吃完就躺着，那么日后身体多半会出问题。一旦如此，就一定会失去那些所谓的"自由"。

很多时候，人生后期的很多不幸，都是因为前期不自律造成的。越不自律，前方的路往往越窄。

每个人面前都有两条路。一条路看起来很窄，但越走越轻松，越走越宽；另一条路看起来很宽，但越走越吃力，越走越窄。

前者叫自律，真正聪明的人通常会选择走这条路；后者叫放纵，走这条路的人看似聪明，实则愚蠢。

一个人自律的程度，决定了他人生的高度！

请你从今天起，慢慢改掉身上的缺点，当你对自律上瘾后，你的人生自然就会变得美好！

能扛事也是了不起的才华

先讲两件事。

第一件事来自一位读者。

有一位读者在我的公众号文章下方留言说："我今天被上司痛骂了一顿，他说带我出差，结果我什么都不会。我来现在的公司才几天，上司基本没怎么教我产品知识，只是一味地叫我做事，做错了又怨我。我真的努力去学了，现在感到进退两难。"

第二件事来自微信朋友圈。

有人发了这样一条朋友圈："我真是有毛病，招个人来专门气我，遇到点挑战就激动，无法心平气和地沟通，脾气比我这个老板还大。被情绪驱动的员工，没有专业度可言。难道就你有压力，就你不被理解，就你有通过犯错和无知来成长的权力吗？"

因为不知道具体的情况，所以我不便多做评论。我想说的是，每个人的生活里都有电闪雷鸣、狂风暴雨。

在人生漫长的道路上，我们一定会遇到各种各样的难题，它们让我们焦虑、悲伤、难过、愤怒。

这就是生活的真相，正如蔡康永所言："生活就是暴击的循环，没有一种生活不存在暴击。"

近几年，我听过很多失意的故事，也见过很多用力生活的人。我愈发深刻地意识到，能扛事也是了不起的才华。

1. 能扛多大的事，就能成多大的事

为什么说能扛事也是了不起的才华呢？

下面给大家讲一讲我的朋友陈果果的故事。

陈果果是我非常佩服的一个人，他来自农村，毕业于普通大学，颜值一般，属于那种走到人群里就再也找不到的人，特别普通。

但他又很不普通。他白手起家，硬是干出了一番令人称赞的事业。他的公司从光杆司令发展到几十人的规模。如今，他的年收入有好几百万元。

对于目前拥有的一切，他曾谦逊地说："我就是运气好，赶上了互联网带来的好机会。"

十多年前，已经工作两年的陈果果从一家外企辞职，开始自主创业。当时，他还有一位合伙人。

创业不易，尽管他们两个人很努力，但公司的状况越来越差，开始还能维持收支平衡，后来渐渐地变成了入不敷出。

合伙人出于及时止损的考虑，选择退出。老板一走，军心动摇，仅有的两名员工也先后辞职。本就不大的团队，立马就剩下陈果果这一个光杆司令。

缺少人手，他就去人才市场招了两个人回来；缺少资金，一向要强的他厚着脸去问父母借了两万元周转。

坚持了大半年，公司终于迎来了转机，而且很快开始井喷式地爆发。

陈果果一直说自己运气好，他们公司能崛起，在很大程度上是因为大环境带来的利好。他说的这句话，我是相信的。

很多时候，运气好其实也是建立在能扛事的基础之上的，你能扛多大的事，往往就能成多大的事。

如果他在黎明来临之前退缩了，放弃了，那么也就不会有后来所谓的"好运气"了。

例如，马云如果扛不住第一次、第二次、第三次、第四次创业的失败，彻底放弃了，那么就不会有今天的阿里巴巴。

再例如，刘备如果扛不住命运三番五次的捉弄，扛不住常年的漂泊和逃亡之苦，那么就不会有日后的蜀汉。

纵观古今，大人物也好，小人物也罢，所有能成事的人，或多或少都具备某种才华，有人擅长决断，有人擅长用人……

如果非要找到一个共同的才华，那就是他们的逆商都比较高，能扛事。

这是所有优秀者的共性。

2.所有光鲜亮丽的背后都经历过黑暗的日子

能扛事，不仅是一个人最了不起的才华，也是一个人在世间行走时最应该具备的才华。

人生中的坏事，往往直到你逝去的那一刻才会彻底结束。只要你活着，就会有各种各样的糟糕的事情在等着你。

真正厉害且幸福的人，是那些能快乐地度过苦日子、扛住生活的暴击、始终嘴角向上翘的人。

不谦虚地讲，很多时候，我认为自己达到了这样的境界，而且是一个活得特别明白的人。

为什么这么说呢?

因为我从来不会去羡慕那些功成名就、活得光鲜亮丽的人。

因为我知道，一个人看起来有多光鲜亮丽、多成功，往往就经历过多少黑暗的日子，肩上扛着多重的担子。

我始终坚信一点，世界上所有的馈赠都已经标好了价码，绝大多数人的成功背后都是一路血脚印。

换句话说，你想过得有多好，想站得有多高，那么你就得付出同样多的代价，能扛住同等量级的苦难。

正如李嘉诚所言："你想过普通的生活，就会遇到普通的挫折;你想过最好的生活，就一定会遇上最强的伤害。世界很公平，想要最好，就一定会给你最痛。"

所以，我不会去羡慕别人的光鲜亮丽，而且也深深地懂得努力和咬牙坚持的意义。

想要住高楼，光芒万丈，就先要让自己别死在阴沟里，努力扛住那些难熬的日子。

人的一生中，一定会有很多的无能为力，而你能做的，往往就是拼尽全力扛住，因为很多时候，你根本无路可退。

电影《喜剧之王》里有这样两句对白：

"好黑呀！我什么都看不到。"

"也不是啊，天亮了之后就会很美啊！"

人生也是如此。那些黑暗难熬的日子，扛着扛着就过去了。愿我们都能成为生活中的勇者，成为自己的英雄。

比失业更可怕的是圈养后的放逐

有一次，我乘高铁去外地，邻座是一个看上去很斯文的中年男人，戴着一副黑框眼镜，脸庞清瘦又白皙。

途中，中年男人与他旁边的友人聊到了工作。

他在上个月离开了工作八年的公司，如今正在找工作，感慨这个岁数找工作真的很不容易，大公司看不上自己，小公司的薪资又没那么高，只勉强够每个月还房贷。

准确地说，他是被辞退的。公司做人员调整，他被劝退了，公司赔了他一笔钱。

他的朋友说："你们公司还不错。"

中年男人也表示认同，但他接下来说的一番话，我觉得颇有深意。

他说，他们公司确实挺好，福利待遇不错，工作压力不是很大，管理也没那么严苛，但这也导致他现在出来之后很不适应，感觉自己废了，一是能力跟不上，二是心沉下不来。

这让我想起一句话：比失业更可怕的，是圈养之后的放逐。

1. 失业很正常，重点是能否更好地再就业

在这个时代，失业其实并不稀奇，甚至可以用"正常"来形容。

我们听到一个人失业的消息，往往会下意识地认为是他自己的原因，其实很多时候并非如此。

很多时候，不是你不够好、不够努力，而是行业真的不行了，公司真的不行了，无法生存下去了。

这就是市场竞争，行业和公司也是要接受市场的检验和洗牌的。优胜劣汰，适者生存，这是大自然的法则，也是社会的法则。

当然，人更是如此。为什么很多工作了好些年的人再就业的难度反而更大呢？

原因主要有三个。

第一个原因是"油腻"，也就是通常所说的"老油条"。"老油条"在职场中浸淫多年，深谙诸多套路，往往没年轻人那么认真和拼命。

第二个原因是精力，"油腻"是态度方面的问题，而精力则是身体、家庭和时间方面的问题。

工作了许多年的人，往往都有了家庭。与年轻人相比，他们

可能无法做到那么全力以赴。体力也是一个问题，年轻人加班熬夜不算什么，但中年人的身体可禁不住这么折腾。

第三个原因是待遇，薪资待遇是现实的问题。工作了许多年的人对薪资待遇的要求肯定要比刚进入职场的年轻人高，但小公司往往养不起，也不敢用这样的人，大公司在这方面考虑得更多。

当然，工作了许多年的人也是有优势的，如经验丰富、资源多，这些都是年轻人所没有的，但前提是你得具备才行。

为什么说比失业更可怕的是圈养之后的放逐呢？

因为圈养最大的问题就是容易让人失去成长的动力和欲望，所以被圈养的人在能力、经验和资源等方面的竞争力往往也不太出众。一旦圈养结束，灾难和问题就随之而来。

失业很正常，并不是灭顶之灾。真正重要的是，你是否具备快速地、更好地再就业的能力，或者说，你有没有更好的出路和方案来应对这样的变故。

这才是问题的关键，也是你要思考和提前做准备的方向。

2. 要想更好地应对变故，就要做好两件事

俗话说："兵来将挡，水来土掩。"问题来了，就解决问题。

不要觉得中年失业这种事离自己有多远，如果你不重视，将来很可能会在这件事上栽跟头。

要想具备应对变故的能力，你就要做好两件事。

（1）拒绝低效忙碌，学会抬头看路。

我在某平台分享如何突破写作瓶颈时，提到了一个观点：低头看书，抬头看世界。

要想写出好文章，没有核心观点不行。要想持续地写出好文章，你就得低头看书，去接触新的东西，更要抬头看世界，因为好的创作灵感往往源于生活。

职场人士也应该如此。要想真正走好未来的路，不仅要低头踏踏实实地走好脚下的路，还要抬头看看前面的路。

抬头看路看什么呢？

看看前面有没有危险，也就是你这个行业和职业的发展前景好不好，你的能力够不够；看看有没有机会和出路，不要墨守成规，一定要关注新的行业和职业。今天的很多行业和职业搁在十年前，你都没听说过。

抬头要看的东西很多，你只有抬头看了，才知道要怎么向前走，要做什么。

千万不能和机器人一样，每天做着固定的事情，拿着固定的工资，不考虑未来。这种低效的忙碌，其实是非常危险的。

（2）创造第二收入来源，增强抗变故的底气。

失业最痛苦的地方在于，你没了经济来源，而现实生活往往不允许你彻底失去收入或者收入大幅度减少。

所以，我们要创造第二收入来源，这是很现实的问题。

每个人的情况不一样，有人底子好，可以投资房产，收租金；有人能力强，可以开发副业，获得稳定的第二收入。

白猫黑猫，各有各招，如果你没招，很有可能是因为你还不够努力，或者不愿意吃苦。

这是一个好时代，你只要够努力，肯吃苦，肯定可以获得第二收入。

一个从容的人，多半是有底气、有两把刷子的。希望你可以从容地走好人生路，愿你一直都能牢牢把握自己的人生。

世界上没有永远的饭碗

世界上有很多事就是如此残酷，你现在很好，并不代表你永远不会受到伤害。

阿里巴巴投资 200 多亿元收购了大润发。大润发创始人黄明端离职的时候说，他战胜了所有对手，却输给了时代。

确实是这样，大润发在零售行业是顶级的存在，是一只号称"十九年不关一家店"的零售行业霸王龙，但这只霸王龙还是易主了。

大润发没有被任何竞争对手所打败，但输给了这个时代。

正如张泉灵老师在演讲中所言："时代抛弃你时，连一声再见都不会说。"

刘慈欣的小说《三体》里有一句话："我要毁灭你，与你有何相干？"

一直以来，我都很喜欢这句话，这句话蕴含的道理值得所有职场人士深思。

1. 干掉你的往往不是你的对手

先问一个问题：你有多久没吃方便面了？

与之前相比，你现在吃方便面的次数很少了吧，甚至有人已经把吃方便面当成了一种缅怀过去的方式。

说实话，我很久都没吃一碗香飘四溢、热气腾腾的方便面了。

相关数据表明，方便面每年的销量以几十亿包的速度在减少，不说你肯定不会注意到，但说了你肯定也不意外。

方便面行业正在遭遇销量断崖式下跌的危机，这可以说是灭顶之灾，难道是产品出问题了吗？

答案当然是否定的。方便面越做越精致，大面饼的，小面饼的，干拌的，水泡的，应有尽有，各种口味也是层出不穷。各大方便面品牌还请了一些口碑极好的明星代言宣传，但仍旧无法挽回销量下跌的颓势。

方便面曾经多受欢迎啊，加班、出差、旅行必备，男女老少都在吃。为什么曾连续 18 年销量保持增长的国民美食，如今不再受欢迎了呢？

因为有了外卖。

自从有了外卖，加班的时候、周末宅在家里的时候，不必再吃泡面了，想吃什么，用手机下单即可。外卖快捷、品类丰富、价格也实惠，成了很多人的首选。

自然而然的，方便面就淡出了人们的视野。

打败康师傅的不是统一，不是今麦郎，更不是白象，而是美团、饿了么这些新兴公司，是散布在城市里的大大小小的外卖餐厅。

还有一个很好的例子，现在手机的拍照功能越来越强大，以后很可能会取代消费级的照相机。做手机的淘汰了做照相机的，这要搁十年前，你能想到吗？

在这个时代，将你打入深渊的往往和你没有关系，与你也没有深仇大恨，但它就是把你给淘汰了。

这正应了那句话："我要毁灭你，与你有何相干？"

一位清洁工清扫马路，无意毁掉了一个蚂蚁窝，蚂蚁也没招惹清洁工，但还是被消灭了，因为清洁工要保持马路的整洁。

人生同样如此，在某些变故面前，你甚至比蚂蚁还弱小，毫无招架之力。

所以，越强大的人，越有危机意识。在清洁工清扫马路之前，尽早把你的蚂蚁窝挪走吧。

2. 居安思危才能走得更远

《左传·襄公十一年》中有一句话："居安思危，思则有备，有备无患。"

不管是企业还是个人，对未来有所准备，才不会在灾难到来时手忙脚乱，不堪一击。

在一家规模庞大的企业里，最累的是谁？

我告诉你，是老板。老板整天往办公室里一坐，喝茶，听汇报，看上去很轻松的样子，但事实并非如此。

老板要不断地去学习、去思考、去应酬。他要学习方方面面的知识，如业务上的、政策上的，思考如何运作企业，如何保持企业的竞争力，如何确保企业不被市场淘汰。

那些成功的企业，哪个掌舵人不是明明可以安享人生，却一直在忙忙碌碌，停不下来。

企业如此，个人同样如此。

一个人要想不被社会淘汰，就不能过得太安逸、太舒适。

所以，如果你现在的工作很舒服、很轻松，没有什么压力，这并不是什么好事情。

如果你工作了许多年却发现自己的能力没有长足的进步，那么这是很危险的。逆水行舟，不进则退。当工作发生变故时，你只能一边泪眼婆娑地抱怨，一边无奈地吞下苦果。

如果现在工作不忙，那么就别把时间全都花在追剧、玩游戏上，多看书，多学一项技能，这样做百益而无一害。

你永远不知道淘汰你的是谁，你唯一能做的就是让自己变得更强大，时刻保持警惕，在灾难来临前早做打算。

在这个时代，永远的饭碗已经越来越少了。居安思危，多给自己留条退路，才不会无缘无故被淘汰。

对自己越狠，获得的奖励越多

电影《我不是药神》上映后一度在朋友圈里刷屏，并留下了一句很扎心的话："这世界上只有一种病，就是穷病。"

与电影一起被刷屏的还有一个人，大家对他满是赞誉，他就是电影里吕受益的饰演者王传君。

吕受益是一位白血病患者，王传君为了演好这个角色，在电影开拍前去医院的血液科病房和病人住在一起。

他每天跳绳4000个，后来增加到8000个，让自己瘦到脱相。

为了真实地表现出被病痛折磨到已经绝望的病人身上的那种挣扎和憔悴，王传君将自己的头发剃成了斑秃状，然后又熬了两天两夜没有合眼。

我在看完电影点映后对身边的朋友讲，徐峥是正常发挥，王传君和那个顶着一头黄毛的章宇演得更好。

这部电影能够大火，全靠好题材和好剧情，还有这些能对自己下狠手的演员。

很多时候，对自己下手越狠的人，得到的奖励往往越多。

1. 人有时候就是要逼自己一把

一位读者很兴奋地发微信向我讲述了她近一个月以来的经历。

她是幼儿培训机构的一位老师，8月底领导通知她，9月24日要举办一场话剧晚会，而且已经通知了学生家长。

在不到一个月的时间里，要把60位小朋友安排到4个节目里，还要保证每个孩子都有台词，这实在是太难了。更难的是，她们之前谁也没有搞过这样的活动。

在接到任务的那一刻，她脑子里想的是逃跑不干了，因为她觉得自己肯定做不好。

但是，抗拒归抗拒，工作还是要做的，在磨蹭了几天之后，她咬牙做了起来。

写剧本，分配角色，排练，布置场景，规划走位，选择背景音乐，准备服装，设置灯光，制作道具……

那段时间，她每天都是早上七点起床，一直忙到夜里两三点，有时候连午饭都顾不上吃。有一点空闲时间，她就琢磨场景，以及什么时候放什么音乐。

在演出的前一天，问题仍旧不断：原先设想的无线话筒用不了，就临时租了头戴式话筒；5个人带着60个孩子去现场排练，要看节目，要放音乐，孩子们又很调皮，全程手忙脚乱。所有人都担心演出当天也会这样一团乱。

好在最后的结果近乎完美，5个人撑起了一场500人的晚会，家长对孩子们的表现也很满意，朋友圈里好评不断。很多家长都在说，老师们这次真不容易，辛苦了。

这位读者也说，想都不敢想的任务，最后居然完成了，而且效果还不错。以前不会剪辑音乐，现在会了，人有时候真的要逼自己一把。

我很认同她的话。有些事你做不好，不是因为你不行，而是因为你不舍得对自己下狠手。

2. 世界会为敢对自己下狠手的人让路

不逼自己一把，你就不知道自己有多优秀。

很多人都听过这句话，也懂得这个道理，但能做到的人却很少。

做一件事，不可能毫无希望，也不可能一帆风顺，只要你做了，就会有一丝希望。

就说这位读者吧，如果她一味逃避，也没太大的损失，大不了不在这家机构干了。

现在，很多人都抱着这样的心态，工作随便对付，如果老板要求太过严苛，追究起来，大不了就不干了，反正工资都是一个月四五千元，在哪里干不是干，找一个舒舒服服的地方干多好。

但是，这位读者选择了认真地做这件事，以前她不会剪辑音乐，现在经过摸索已经学会了；以前她不知道怎么策划活动，现在已经掌握大概流程了；以前她总认为自己才华不够，没想到经过一番努力也能写出剧本来。

多少次熬夜到夜里两三点，仍想不出合适的背景音乐，场景布置得总是不满意，内心崩溃，不知道能不能做好，不知道结果会怎样……

老天最终眷顾了她，她也说是自己运气好。其实我们都知道，这一切都是因为她对自己够狠，够努力罢了。

与曾经的那个她相比，现在的她已经破茧成蝶，无论是能力还是心理素质，都更加强大了。

她很自信地说，经过这次锻炼，她觉得没有什么事是她做不了的，只要肯做，总能做出成绩来。

运气是强者的谦辞，是弱者的遮羞布！

这是我很喜欢的一句话。看到同龄人早早地成功，活得风生水起的时候，我们总是习惯性地安慰自己，全是因为自己的运气没有别人好，人家足够幸运，入对了行，跟对了人！

可悲的是，我们从不思考自己的运气为什么一直这么差，难道自己就没有一点问题吗？

同样的机会，在你眼里只是一块高悬的蛋糕，在别人眼里稍微踮脚就够到了。这是为什么？因为人家比你强。

试着逼自己一把，很多事并不需要多强的能力，仅仅需要你的一份坚持，一个认真的态度，一颗迎难而上的心。

迈过一道坎就等于完成了一次升级，人生就是不断升级的过程，等级越高，能力越强，胜算越大。

请对自己狠一点，因为你若不对自己狠一点，生活便会对你更狠！

不纠缠过去，不畏惧将来

在老家过年期间的某个午后，我在家门口洗车，发小梁子突然出现在我面前，两年未见，他发福了不少。

一包烟，两个人，阳光下，聊了很多，那种感觉就像回到了18岁。

梁子这两年过得不容易，做生意亏了七十多万元，如今仍在还债。之所以会亏，是因为他被合伙人骗了。这也直接导致他的女朋友和他分手了，虽然当时两人已到了谈婚论嫁的地步，但因为出了这件事，最后两人还是分手了。

我试探性地问他："你恨他们吗？"

他笑着说："都已经过去了，以前恨，现在不恨了。我现在就想赶紧挣钱把债给还清了，然后开始新的生活。"

听到这话，我突然想到一位读者提出的问题，再看看眼前的梁子，似乎有了答案。

什么才是真正的格局？

总结起来就十个字：不纠缠过去，不畏惧将来。

1. 格局越大的人，越不和烂人烂事纠缠

《后汉书》里有这样一则故事。

一个名叫孟敏的人背着甑（古代的瓦制器皿）在路上行走，不小心失手将甑掉到地上摔碎了，便头也不回地继续向前走。

这事被当时的名士郭林宗看见了，他感到很奇怪，就问孟敏为什么看都不看就走了。

孟敏说，都已经摔碎了，再看又有何用。

郭林宗觉得此人不一般，而这个所谓的"不一般"，其实就是他的格局大。

十年后，孟敏名闻天下，位列三公。

格局越大的人，越不喜欢同过去的人和事纠缠不清，无论好坏，都是如此。

因为你与已经过去的事苦苦纠缠，只会让自己在泥潭里越陷越深，无法自拔。

电影《我不是潘金莲》讲的就是一个女人和一个烂人纠缠一辈子的故事。

农妇李雪莲为了让丈夫在单位多分一套房子，同丈夫秦玉河假离婚，却不料秦玉河转身和别的女人结婚，过起了小日子。

李雪莲不甘心，她希望法院判自己和秦玉河的离婚是假离

婚，裁决两人复婚，然后她再和秦玉河真离婚。

最终，李雪莲败诉。秦玉河不仅一口咬定当时和李雪莲是真离婚，还在大庭广众之下说她结婚的时候不是处女，让李雪莲从此背上了"潘金莲"的恶名。

败诉后，李雪莲开始了长达数十年的上访之路，她的人生从此坠入深渊。

一念天堂，一念地狱。

其实，李雪莲本来可以有另一种活法。

她长得漂亮，离婚的时候三十来岁；有手艺，做的牛骨汤远近闻名；甚至薄有资产，拥有一栋临水而立的徽州小楼。

她完全可以同前夫挥手告别，与糟糕的过往一刀两断，开启新的生活，而不是将人生最美好的时光全部用来上访。

烂人烂事之所以烂，是因为与其纠缠并不能改变什么，只会被拉下去，烂在一起。

很多时候，如果能换一种方式面对已经发生的事情，及时止损，人生将会是另一番模样。

2. 格局越大的人，越不会沉溺于过往

格局越大的人，越不会与糟糕的过往纠缠，越不会沉溺于过往的辉煌。

2019 年的春晚，董卿再度缺席。网友们千呼万唤，表示很想

念她。能让观众如此深爱，董卿的个人魅力可见一斑。

董卿曾说过这样一番话："聪明的人不仅知道什么时候上场，还知道什么时候应该离开，而离开的时间，决定着是你看大家的背影，还是大家看你的背影。"

这个所谓的"聪明"，其实也是格局。

格局越大的人，越有急流勇退的勇气，越会主动走出舒适区，越能听从自己内心的召唤。

你只有不眷恋过去的辉煌，及时清零，才有可能不断成长，获得新的突破和成就。

董卿在事业如日中天的时候，做出了一个令所有人震惊的决定：离开舞台，暂别话筒，去国外留学深造。

这个决定意味着她可能从此不再风光无限，将会错失很多机会。处于这个位置的人，不可能不明白其中的利害关系。

但有一句话是这么说的：当才华撑不起你野心的时候，就静下心来学习。

董卿有更大的野心，她认为目前的自己还不够好，是时候好好充电、沉淀一下了。

再次回归之后，董卿完成了蜕变，满腹诗书，才华横溢。她主持的《朗读者》和《中国诗词大会》两档节目广受好评，一次次登上热搜，她也成了全民偶像。

什么是大格局？

这便是大格局，不骄傲自满，不故步自封，不懈怠。

有些人之所以能一直走在前面，不是因为他们天赋异禀，而是因为他们比大多数人更懂得何时登场，何时退场，永远保持好奇心和动力。

3. 格局越大的人，越不畏惧将来

与董卿有着相似经历的还有胡歌，他也在事业处于巅峰之时选择暂别名利场，潜心学习深造。

胡歌留学回国后，上的第一个综艺节目就是《朗读者》，那一期的主题是生命。

"生命"这两个字何其厚重，但以胡歌的经历来讲，他对生命的理解要比一般人更深刻，毕竟他曾经历过生死。

2005 年，刚刚大学毕业的胡歌凭借《仙剑奇侠传》里的李逍遥一角爆红，成了当时最受瞩目的新星。

但之后一场突如其来的车祸，将这颗冉冉升起的新星推向了生死的边缘。

2006 年 8 月 29 日晚，在沪杭高速公路嘉兴路段，胡歌与助手乘坐的旅行车与一辆厢式货车发生追尾，助手抢救无效身亡，胡歌右眼重伤，脸和脖子加起来缝了一百多针。

命是保住了，但脸毁了。那一年，胡歌才 24 岁。

24 岁正值大好年华，事业刚开始红火，却一下子化为泡影，有多少人能够经受得住这样的打击？

缝了针的眼睛不能哭，胡歌就把头放得很低很低，让眼泪掉在地上。他想过就此放弃当演员，甚至想过自杀。

但他最终还是熬过了那段黑暗的日子，慢慢地开始直面伤疤和现实，潜心打磨演技。

后来，胡歌凭借《琅琊榜》和《伪装者》等多部作品，再次迎来演艺生涯的高峰，圈粉无数。

不管是急流勇退的董卿，还是涅槃重生的胡歌，他们身上都有一种特质——不畏惧将来。

哪怕前路再扑朔迷离，再困难重重，他们依然可以收拾好心情，同过往告别，努力做好当下的自己，昂首向前。

对于生命的意义，胡歌说："我觉得，我能够活下来，或许是因为有一些事情要做。"

我更喜欢董卿说的一番话："我认为生命的意义在于开拓而不是固守，无论什么时候，我们都不应该失去前行的勇气。"

人生走到最后，其实拼的就是格局。格局越大，活得越通透，内心越丰盈，步伐越坚定。

愿你我皆能有如此格局，不辜负生命！

第三章

做事破局

做正确的事，正确地做事

把工作当成修行，你就能超越大多数人

让我们先来看两个问题。

第一个问题：在职场中，什么样的人最容易被淘汰出局？

对工作敷衍的人。因为敷衍，所以工作完成得肯定不出色，正因为如此，这种人很容易被淘汰！

第二个问题：在职场中，什么样的人最痛苦？

不想工作，厌烦目前的工作，但又因为各种原因不得不工作的人。这些人身上总有一丝被逼无奈的悲怆，时常会发出抱怨。

其实，这两个问题的答案，就是现在很多人在事业上迟迟没有突破，整天萎靡不振的原因。

有段时间，我很痴迷稻盛和夫的书。这位创办过两家"世界500强"公司的企业家，在书里提到了一个很重要的观点——工作即修行。

随着这些年工作经历和人生阅历的积累，我越来越认可"工作即修行"这句话。

能把工作当成修行的人，往往都过得挺好。

1. 把工作当成修行，可以成就你的心

人为什么要修行？

在影视剧里，我们时常会看到一些在深山老林里修行的世外高人，他们无一不是一副仙风道骨的模样，拥有大智慧，看待问题十分透彻。普通人只要一遇到烦恼，就会去请教他们。

因此，修行的目的就是让一个人能以更好的心境和态度去面对遇到的人和事。

心态左右意识，意识决定行为，以不同的态度面对和处理问题，结局往往有天壤之别。

美国"石油大王"洛克菲勒曾在写给自己儿子的信里这样写道："如果你视工作为一种乐趣，人生就是天堂；如果你视工作为一种义务，人生就是地狱。"

可惜的是，现在有很多职场人士将工作当成义务，被迫地工作，所以幸福感很低。

正因如此，他们在工作中的表现当然是敷衍了事，混日子，能不做的坚决不做，能做到70分的绝不会想着如何提升到80分，遇到问题就怨声载道。

说白了，他们根本没把真正的感情投入到工作中。

人是感情动物，为了自己喜欢的人，可以跑到几公里之外去

买他（她）爱吃的牛杂汤。如果你不喜欢他（她），可能都懒得去厨房给他（她）拿个苹果，甚至听到他（她）的声音，心里就不开心。

这就是由于心态不同而造成的差别。

所以，我们需要把工作当成修行，在工作中寻找意义和乐趣。毕竟，工作占据了人生中很大一部分时间。

试想，如果你每天总是怀着烦闷的心情上班，这样活着岂不是太痛苦了？

说实话，很多人不开心，事业不顺，很大一部分原因是自己给自己挖了一个坑，上了一道锁。

2. 把工作当成修行，才能成就一番事业

把工作当成修行最直接的表现就是集中精力、投入感情，这样做的结果必然是更容易把事情做好。

所以说，把工作当成修行，不仅可以成就你的心，还可以成就你的事业。

《我是演说家》的舞台上曾来过一名演讲者，他叫窦立国，是一名快递员。

在五年的时间里，他挣了两百多万元，巅峰时一个月就挣了二十多万元。阿里巴巴在美国纽约上市时，马云带了八个人敲钟，其中就有他。

一个从农村里走出来的，没有太多文化的快递小哥，如何能成为马云的座上宾？他凭什么在短短几年内就挣了两百多万元？

2008 年，窦立国进入快递公司。当时，快递行业不景气，快递员揽不到件，一天只有几十块钱的收入，还备受歧视，很多人都辞职了。

窦立国印了一万份名片和小广告，每天早上在自己负责的片区里见人就发，可是人家看完就扔。他就沿路一张一张地捡起来，第二天接着发。

后来，他想到了在名片上加印一些订餐、订水的信息，为客户提供一些周边的信息服务。他还自制了脚蹬三轮快递车，在车身上贴上醒目的广告，让自己的三轮车变成了一个移动的广告牌。

别人将快递包裹送到目的地就完成任务了，但他会和客户聊会天，了解每一位客户的喜好。

有一位老客户快退休的时候，窦立国给他送去了一束鲜花，让他非常感动。窦立国负责的片区里寄件较多的客户经常会收到他送的小礼物。

在地图软件没有普及之前，窦立国为了提高派件、寄件的效率，手绘了不少路线图。在什么时间段哪条路不拥堵，有哪些小路可以走，他都清晰地标注在图上。

窦立国有一番话说得很好："很多人没有把小事放在眼里，

所以就丢了大事。虽然我们的起点没有别人高，但只要我们做一个有心人，眼里有活，手多动一点，脑子多想一点，我们就一定可以实现自己的梦想。"

窦立国式的成功绝非偶然。一个能把自己正在做的工作当成修行的人，一定能获得成功。

很多人对自己目前的工作不满意，我建议他们问问自己：有没有把这份工作当成修行？有没有全身心地投入进去？

只有把自己正在做的工作当成修行，才能把工作做好。工作做好了，修行到家了，自然就能取得成功。

靠谱的人，通常具有三个特质

对一个人最高的评价是什么？

我认为是靠谱，或者说，我希望这是别人对我的评价。

我希望别人在提起我的时候，会发自内心地觉得我靠谱、踏实，对我充满信任。

人生能达到这样的境界，足矣。

作家池莉说："靠谱，说起来简单，落下去复杂，听起来像感觉，做起来是原则。"

确实如此，在职场中待得越久，就越能感受到靠谱有多重要，做到又有多难。

靠谱的人，通常具有三个特质。

1. 言而有信，不随意爽约

某个星期四，曾经合作过的一位客户突然给我打电话，请我给她介绍一位朋友参加第二天的一场活动，然后再写篇活动报道文稿，并给了一份报价，言语中透露着焦急。

我问她："对参加活动的人有什么要求？"

她回答得简单又直接："和你一样靠谱就行。"

原来，在此之前她联系过一个人，对方之前答应了参加这场活动，但刚刚联系她说明天的活动去不了了。

活动时间定在星期五，本来人就难找，现在要临时再找人补上，更是难上加难。

我迅速在脑海里筛选合适的人选，然后确定了三个人，最终朋友依依接下了这个活，我便将她的微信号推送给了客户。

星期六上午，客户在微信上给我留言："你推荐的这女生太实在了，昨天晚上就将稿子写好发给我了，效率很高，多谢！"

现在，这位客户经常会找依依帮忙，依依也因此多了一笔稳定的收入。

依依后来给我发红包，感谢我帮她介绍客户。我告诉她，这是靠谱的人应得的。

说句实话，即使客户不讲，我也会优先考虑做事靠谱的人，因为我推荐不靠谱的人，也是在打我的脸。

老话说得好，和靠谱的人共事，和聪明的人聊天。靠谱的人往往会获得更多的机会。

靠谱的人的第一个特质就是言而有信，答应了别人的事情，就一定会做到，言而有信，不随意爽约。

2. 未雨绸缪，常做备用计划

熟悉我的读者都知道我是一个三国迷，喜欢借用三国里的人物来分析问题。

在《三国演义》中，诸葛亮就像神仙一样能未卜先知，料事如神，举手投足之间给人一种很靠谱的感觉。

不管他采用什么谋略，即使再不可思议，但你心里却觉得能成。

靠不靠谱不仅取决于一个人的品行，还与他的能力有很大的关系。

在职场中，一个人之所以能给别人靠谱的感觉，往往是因为他能将工作做好，即使遇到问题，也能妥善地解决。

就像主持人汪涵，只要他往台上一站，主办方就会觉得心里很踏实，即使现场出现意外，也相信他能稳住局面。

大家应该还记得在《我是歌手》第三季总决赛发生的退赛事件，汪涵的救场成了当晚最大的亮点，他展示出了一位专业主持人的素养。

我认为，所谓奇迹并不是凭空创造出来的，奇迹创造者只是平时比普通人付出了更多的努力罢了。

作为主持人，汪涵在心里应该无数次地预演过活动中的每一个环节，所以即使现场发生突发事件，他处理起来也会比其他人更妥当，更游刃有余。

靠谱的人的第二个特质是，具备解决问题的能力，做每件事情之前能够未雨绸缪，常做备用计划，尽最大努力将工作做好。

3. 凡事有交代，做事有头有尾

对于靠谱，有人曾这样总结：靠谱就是三件事，凡事有交代，件件有着落，事事有回音。

我觉得这句话总结得很好，特别到位，说是三件事，其实就是一件事——做事有头有尾。

很多人做事给人不靠谱的感觉，就是因为把事情交代给他之后就没声音了，你不知道事情进展得怎么样了。

如果你不问或忘了问，那么他会直到最后一刻才告诉你事情的进展。而且，你往往会发现问题百出，错得很离谱，你要苹果，他给你抱个西瓜回来。

做事靠谱的人，能及时地给你反馈，及时地与你沟通，让你知道事情的进展，让你有充足的时间进行调整。

我有一位长期合作的插画师，他就是很靠谱的人。有一次，我们接了一个项目，他负责插画部分的设计。

那几天，他身体不舒服，但这丝毫没有影响工作进度，我们沟通的频率反而比平时还高。

他说，我这几天状态不佳，头晕乎乎的，怕影响插画质量，所以要和客户多做沟通。

当时听到这话，我心里感到很踏实，也很感动。我为自己能有这样一位合作伙伴感到欣慰和庆幸。

靠谱的人的第三个特质是，做事有头有尾，懂得及时反馈和沟通，能够保质保量地完成。

我始终觉得，做人做事靠谱的人一般运气都不会太差。努力做靠谱的人吧，你会因此收获良多。

真正优秀的人，都是修补窗子的高手

读者赵小鹏问我："我现在带着一个六七个人的小团队，其中有一个人能力不错，但工作态度不怎么好，不是迟到就早退。我有时候说他几句，他还抬杠，你认为我该不该留下他？"

我给他的建议是，立即清理。

在《三国演义》中，马谡和诸葛亮的关系很好，亦师亦友，两人时常整夜地聊天。但是，在马谡丢了街亭后，诸葛亮毅然地斩了他。

其实，以诸葛亮当时的威望和地位，保住马谡并非难事。那么，他为什么非要斩了马谡呢？

其中的道理和我向这位读者所建议的理由是一样的：作为管理者，你必须尽最大努力避免团队发生破窗效应。

不管是个人还是团队，一旦发生破窗效应，离悲剧就不远了。

1. 很多悲剧都源于破窗效应

什么是破窗效应？

一扇窗户上有一块玻璃碎了，如果没有人去修补，那么最后必然会出现一种情况：越来越多的玻璃被打碎，整扇窗户变得残破不堪。

这其实很好理解，在生活中随处可见这样的例子。

楼道里的一个角落本来是很干净的，但有人图省事将垃圾堆放在这里，如果不及时清理这些垃圾，就会有越来越多的垃圾被放在这里。久而久之，这个角落就成了垃圾堆。

去朋友家里做客，如果朋友的家里很干净，那么你会很自觉地先换鞋再进屋，但如果朋友的家里很脏乱，那么你可能连换鞋的想法都没有。

这就是破窗效应，刚开始只是一个小问题，但如果没有人去管理，没有人及时去修正，那么问题就会变得越来越严重，最终彻底失控。

这也是诸葛亮纵使心中有万分不舍也要斩马谡的原因。

再看读者赵小鹏遇到的问题，如果他不及时清理那个总是迟到早退的员工，那么整个团队会出现什么情况？

很可能会有更多的员工开始迟到早退，反正这样做也不会受处罚。只要开了这样的头，后面就很难刹住车，整个团队会变得很散漫，就像一盘散沙一样很难管理，最终失去竞争力。

出现一个小问题并不可怕，可怕的是对这个小问题的漠视，更可怕的是由这个小问题引起的破窗效应。

人生也是如此。今天不努力，明天偷个懒，结果越来越差，时间久了，就更容易破罐子破摔。反正都这样了，再努力也没希望了。

我很喜欢一句话：你怎么过一天，就怎么过一生。

2. 真正的高手都有修补窗子的能力

我给大家讲一则故事。

20 世纪 80 年代，美国纽约的地铁管理十分混乱，是全市犯罪率最高的地方，这导致很多人不敢乘地铁。到了 80 年代末，纽约地铁乘客的数量降到了历史最低点。

后来，纽约交通局聘请了一位新的地铁运营总监戴维·岗思。他上任之后，将大部分的精力都放在清理地铁站里那些混乱肮脏的涂鸦上。

他不仅引入了新的油漆清除技术，还配置了大量的清洁人员。那些在地铁里涂鸦的人晚上刚画完，第二天早上涂鸦就被清洗掉了。

戴维·岗思规定，地铁里的涂鸦不清理干净，不准运营。

几年后，戴维·岗思的继任者延续这种"抓小事"的做法，集中精力整治逃票现象，不放过一个逃票的人。

20 世纪 90 年代中期，纽约地铁的情况开始好转。到了 90 年代末，这里的犯罪率比十年前降低了 75%，成了整个美国最安全的地铁线之一。

这则故事说明了什么？

你想要解决一个大问题，很多时候可以从小问题入手，"抓小放大"往往能从本质上解决问题。

马云说，阿里巴巴的员工一旦被发现有受贿或行贿的行为，就会被立即开除，哪怕只是拿了一颗糖果，也要送回去。

很多优秀的团队管理者往往都很注重细节问题，一旦发现有破洞，就及时进行修补，这样的团队通常能走得比较远。

团队管理如此，个人的自我管理亦如此。

真正优秀的人是不会对自己身上存在的问题视而不见的，一定会想办法去修补，竭尽全力地把破洞给补好。

例如，做事拖延、懒散、见了陌生人不敢说话，这些问题看似无关痛痒，没有带来多大的伤害，但它们就像人生道路上的绊脚石，实实在在地影响着我们的人生。

修补破洞的过程，其实也是一个自我管理、自我提升的过程。你要想走得更远，就必须具备填坑的能力。

人生中一旦发生破窗效应，你就要面对破败不堪的结果。

执行力拉开人与人之间的差距

人与人之间的差距越来越大，最关键的原因是什么呢？

答案是执行力。

其实，很多人并非没有远大志向，并非没有梦想，并非对未来没有规划，甚至规划得还挺不错。

但是，执行力不强导致他们总是停留在计划阶段，始终不能付诸行动。

正因为如此，再远大的志向也成了笑话，再好的计划也只是水中月、镜中花罢了。

孙正义有句话说得好："三流的点子加一流的执行力，永远比一流的点子加三流的执行力更好。"

路是人一步一个脚印走出来的，事是人一点一滴做起来的。真正努力的人，都是执行力很强的人。

那么，执行力强的人都有哪些表现或特质呢？

我认为，执行力强的人主要有两种特质。

1. 遇到困难时，不轻言放弃

如果你没看过《致加西亚的一封信》这本书，那么我建议你去看看。

这本书的内容其实很简单，讲了这样一则小故事。

美国与西班牙的战争打响，此时的古巴人民也在为摆脱西班牙的殖民统治而战斗。美国总统急切地希望得到相关情报，所以需要立即与古巴起义军的首领加西亚将军取得联系。

但是问题来了，加西亚将军在古巴丛林的深山里，没有人知道他确切的藏身地点。

在这种情况下，美国情报局局长向总统推荐了一位年轻的陆军中尉罗文。

受命于危难之际的罗文，经过长途跋涉，穿过枪林弹雨，躲过明察暗检，历尽千辛万苦，最终将信交给了加西亚，完成了任务。

不管任务的难度有多大，完成起来有多艰难，都要坚决地完成任务，这是一名优秀军人身上最为显著的特质，总结起来就四个字——执行力强。

其实，不管是什么身份，执行力强的人都具备这个特质，不会在困难面前轻易缴械投降，一旦确定了目标，就会坚决执行到底。

这样的人往往能有一番成就。

作家毕淑敏曾在文章《暴风雨是个筛子》里分享过她的一段经历。

她考上了一所夜大，每天下班后，要穿越五条街道去上课。有一天傍晚，台风来了，暴雨如注，那时候电话还未普及，她也不知道老师会不会去上课，但最后她还是迎着暴风雨，连滚带爬地赶到了学校。

看门的老人告诉她，从老师到学生，除了她，再没有一个人来。

毕淑敏感到很沮丧，也很委屈，看门的老人让她进屋歇会儿，对她说："你以后会有大出息，这么多学生，就你来了。"暴风雨就是一个筛子，胆子小的，思前想后的，都被它筛了出去，留下了最有胆识和最不怕吃苦的人。

人与人之间的差距就是这样被逐渐拉开的。

是什么让资质和起点相同的人们最后分化成了优秀的人与平庸的人？说白了，就是看谁对自己更狠，看谁更有毅力和决心实现目标。

2. 有责任感，把该做的事情当成一回事，内动力足

前两天我和朋友一起吃饭，他聊到了公司里的一位员工，准备这个月底给他涨薪。

为什么他会做出这样的决定呢？

朋友在国庆长假的第三天回公司取文件，看到那位员工正坐在办公室里忙碌着。

朋友凑过去跟他聊了几句，看见那位员工正在忙着做一份假期前布置的方案。其实，这份方案不用急着做出来，客户假期后才要。

那位员工笑着说，国庆出去玩的人太多了，自己不想跟大家凑热闹，而且这位客户比较挑剔，现在有时间就先把方案弄好，以免到时候来不及。

朋友说，那位员工来公司不到一年，却是所有员工里成长最快的，执行能力很强，把事情交给他做，心里很踏实，不用天天跟在后面操心劳神。

我们总说工资是老板发的，其实工资是自己发给自己的，你有什么样的工作表现，就能拿什么样的工资。

优秀的员工的执行力一般都很强，都有强烈的责任感，内动力很足，最明显的特征就是能自动自发地做事。

其实，在个人成长方面，道理也是一样的。

很多人虽然有着清晰的目标和计划，但却没有付诸行动，执行能力几乎为零，甚至在有人监督的情况下也依然如此。

说白了，不自律和执行力不强的本质是一样的，就是没有把该做的事情当成一回事，内动力不足。

执行力不强的人，遇到危急时刻，也会积极地行动起来。

很多时候，当我们真正重视一件事情的时候，结果就会完全不一样。

电影《霸王别姬》里有一句台词："人呐，得自个儿成就自个儿。"

确实如此，如果你想拥有美好的人生，就要先提升自己的执行力，别总是拖拖拉拉，别总是想得太多、做得太少，别总是那么不自律。

从今天开始改变吧，你将会有不一样的人生。

有时候选择大于努力，做对的事很重要

某一天，一位读者给我发来一段信息，他的言语中透露着绝望和无助："毕业两年了，工资仍是两三千元，饿不死，但也存不下钱，不知道这种状态还要持续多久，很迷茫。"

月薪过万是很多人的梦想，即使在北上广这样的大城市，很多人也在为月薪过万的梦想而努力着。

如何从月薪三四千元冲刺到月薪过万，甚至月薪两三万元？如何在竞争激烈的环境中实现弯道超车？

我总结出了三点，与大家分享。

1. 有时候，选择比努力更重要

努力是成功的关键，但如果说仅努力就能取得成功，那么满大街都应该是成功人士。

我听过一句很扎心的话。一位北漂的朋友说，在北上广这样的大城市里，你只有付出百分之百的努力，才能成为一个普通人。

世界上从来不缺少努力的人，特别是在这个时代，大家都很努力，都在拼命地向上走，都想要比别人跑得快、站得高。

人生之路很漫长，但紧要的常常只有几步，如果在做出重大选择时判断失误，那么恐怕就不是仅靠埋头苦干就能弥补的了。

行业与行业之间存在着天然的差别。有些行业和职业的上限是相对确定的，如果你想在这样的环境中创造奇迹，那么难度会非常大。

例如，你可以选择去一家外资的工厂工作，虽然工厂的规模很大，给的工资也不低，但我并不认为这是一个好的选择。

我更愿意去一家只有十几个人的互联网公司工作，也许起步没有别人好，工资暂时没有别人高，但实现飞跃的概率很高，能够接触的东西很多，这就是希望，也是优势。

你应该对自己目前和即将进入的行业有清晰的认识和判断。在信息极为丰富的互联网时代，深入了解一个行业和一种职业并不是一件难事。

老话说："人对行，跟对人。"

选择一位好领导，选择一个优质的朋友圈，选择一位靠谱的合伙人，在很多时候，这些决定了你能跑多快，走多远，站多高。

现在工资低一点甚至一无所有，并不可怕，真正让人绝望的是这两种情况：一眼就能看得到尽头的未来；不知道自己能做什么。

所谓"一眼就能看得到尽头的未来"，就是你知道未来几年自己的工资是多少，将处于什么样的状态，只需要看一下公司里比你年长的同事即可。

工资低且固定，晋升无望，在这样的公司里，除非你还有东西要学，不然就赶紧走人，你没多少青春可以耗在这里了。

"选择比努力更重要"后面还有一句话，那就是"选择不是碰运气"。选择是你的能力、阅历、眼界、人际关系以及其他资源整合之后得出的结果。

2. 能力和态度都很重要

如果你现在工资不高，那么先别怨天尤人，先看看自己的能力有没有达到与期望薪资相匹配的水准。

假设你现在的月薪是三四千元，那就看看自己有没有拿一万元月薪的能力。一般来说，你只有具备拿一万五千元月薪的能力，才有机会拿到一万元的月薪。

如果没有匹配的能力作支撑，那么收入达不到你的预期就不是别人的错，而是你自己造成的。

我认为，工资不高，95%以上的情况都是自己造成的，因为你的能力还不够，老板没理由给你高薪。

你可以说，我虽然能力不强，但我很努力，态度很端正。

对不起，职场中先看能力，再看其他。不能给公司创造价值的员工，对老板来讲，就是一个负担。

当然，态度端正也是非常重要的。没有哪个领导喜欢浑浑噩噩、整天混日子的员工。

如果遇到需要加班的情况，那就尽量加班，不要问为什么要加班。

没有加班费，你可以提出要求。如果对结果不满意，那么你就抓紧时间让自己的羽翼丰满，学到自己想学的东西，然后去更好的平台发展。

对于加班或者多干点活这种事情，只要可以提升你的能力，只要能让你多学一点东西，就可以接受。即使累一点，没时间去享受生活，也绝对值，因为这是在为你日后的腾飞做铺垫、打基础。

我们一定要打开格局，不要总计较眼前的利益，要用长远的眼光看待周围的人和事。

3.坚持比什么都重要

我并不反对跳槽，我更关心跳槽的原因和动机。

如果你觉得目前的行业不好，你希望进入一个全新的行业，那么请你认真做好功课，然后离开，这个没什么问题。

但是，我不建议做一阵就换一个行业，跨界并非易事，这意味着你需要舍弃很多的知识，甚至改变思维方式。

如果你觉得在一家公司里学不到东西，那么你可以离开；如果公司的企业文化乌烟瘴气，你看不到公司的未来，那么你也可以离开。

我担心的是，很多人在跳槽时眼里只有工资，完全不考虑个人发展的空间，这样跳槽的风险是很大的。

除非你的工资翻倍增长，不然为了高一点点的工资离开之前的公司，并不是一个好的选择。

虽说职场看重能力，但态度和忠诚同样不可或缺。那些从一开始就跟着马云创业的人，现在哪个不是回报丰厚。

在职场中，想要拿高薪，就要成为精英和专家，成为箭头人物和攻坚的好手。

这需要十年如一日的坚持和专注，需要你把目前的工作做好，并且做到极致。

同样是文字工作，有人只是小编辑，月薪两三千元，因为他只会做录入和简单的修改，让他写篇文章，半天都写不出几个字。有人则是广告、文案、策划样样精通，而且工作质量还很高，这样的人月入几万元根本不足为奇。

专注于一个领域，成为这个领域的精英，你的收入就不会低，月薪两三万元不是什么难事。

目前收入低一点真的没关系，只要你能看懂这篇文章，坚持向正确的方向前进，就一定能得到你想要的收入和生活。

职场中，决定薪资的三条铁律

我的一位朋友曾说，很多人都嫌自己工资涨幅太慢，却很少有人会嫌自己配不上那份工资。

我不得不为这句话点赞。这句话讲得很直白，讲出了很多人一直挣不到钱的原因。薪资低，涨幅慢，大多数时候是因为自身的表现不够好。

职场其实是明码标价的地方，从一个人的薪酬就可以大致看出他的能力，误差不会太大。

如果你目前工资不高，涨幅比较慢，迷茫无助，理不清头绪，那么我建议你认真地看完这篇文章。

1. 人品：做一个忠诚的人

在职场中，工作能力很重要，但有一样东西同等重要甚至更重要，那就是忠诚。

有人也许会笑出声，在这个有些人一年可以换七八份工作的时代，你竟然谈忠诚。

是的，在这个时代，忠诚似乎成了一种稀缺品、奢侈品。但是，忠诚往往也体现了一个人的人品。

职场中的忠诚不是至死不渝，毕竟天下无不散之筵席。职场中的忠诚是在其位时尽心尽力，做任何决定都从公司的角度出发，全力维护公司的利益。

例如，你可以做兼职，可以做斜杠青年，但你不能用上班时间去做这些事。

再例如，你可以跳槽，但你不能拔腿就跑，连工作交接都不做，连一点过渡时间都不给老东家。

我一直认为，职场中最有价值的东西就是一个人的人品。

我经历了从员工到老板的身份转变，如今，站在老板的角度来看，我喜欢忠诚多过喜欢工作能力。一个人的工作能力是可以通过培养来提高的，但人品却不可以。

而且，那些人品好的人，其工作能力往往也不会差到哪里去，因为他们忠于自己，忠于家庭，更懂得责任和担当，当然也更懂得努力。

2. 能力：做一只能下蛋的鸡

很多人应该听过下面这则经典的故事。

小鸡问母鸡："妈妈，今天能不能不下蛋，带我出去玩？"

母鸡说，"不行，我要工作。"

"可是你已经下了很多的蛋了啊！"小鸡感到不解。

母鸡很认真地对小鸡说："你要记住，一天一个蛋，刀斧靠边站，存在是因为创造价值，淘汰是因为价值丧失。"

公司不是慈善机构，请你换位思考，如果你是老板，你会养一只光吃米不下蛋的鸡吗？

当然不会，一个能拿高薪的员工必定能为公司创造更多的价值，这一点毋庸置疑。

职场是一个靠业绩和结果说话的地方，即使再有苦劳，但没能下出蛋，那也是白费力气！

如果你能创造五万元的价值，那么公司会很乐意给你两万元的薪水；如果你连五千元的价值都创造不了，那么公司又有什么理由给你六千元的薪水呢？

想要拿高薪，就得先为公司创造价值。为公司创造价值，其实就是给自己加薪。

公司不养闲人，团队不养懒人，不管你在哪里工作，你都要尽早明白这个道理。

3.态度：做一头勤快的老黄牛

我虽是"90后"，但却很传统，我对一点深信不疑：勤劳可以致富，勤快招人喜欢。

做一头勤快的、努力的老黄牛，这是我对职场人士的一个忠告。

努力是一种工作态度。很多时候，态度决定了一个人的高度和结局。

在职场中，员工最令老板感到不爽的不是工作能力差，而是态度不端正。

上班经常迟到早退，遇到加班就想办法躲，从来不会自动自发地做一些事，工作中出了问题就把责任推卸给别人，总是抱怨工作太累、工资太低，被领导训斥几句就不高兴……这些都是态度问题。

相信我，工作态度不端正的人是很难有机会拿高薪的，反倒很容易被公司清理出去。

没有哪个行业的钱是好赚的，没有哪种工作是不委屈的，作为成年人应该知道这些，受点委屈很正常，工作累点也很正常。

勤快一点，努力一点，少抱怨，多行动，这才是成熟的职场人士应该有的态度。

人品、能力和态度，三者缺一不可。如果你的工资始终涨不上去，你一直都庸庸碌碌，那么我希望你能从此刻做出改变。

在本该奋斗的年纪，千万不能选择安逸。今天不吃苦，将来会有更多的苦等着你。

格局决定结局，庸者的三句口头禅

一个人在职场中最终能达到什么样的层次和高度，与他的年龄没有直接的关系，最重要的还是他的态度，以及做人做事的格局。

经常将下面三句话挂在嘴边的人，一般来说都难以成为翘楚。

1. 这件事，我不会做

很多职场人士将"我不会做""我之前没做过""没人教过我"这些话挂在嘴边，而且还理直气壮。

对一家企业或一个团队来说，这样的人永远是最基层的员工，只能干一些简单、没有技术含量的工作，随时面临被清理的风险。

我认识一位女生，她也是"90后"，从实习生到助理，仅用一年的时间就实现了薪水翻倍，原因是她的 PPT 做得很好。

公司的老板经常要上台演讲、做汇报，自然少不了要用到PPT。

有一次，公司里负责做PPT的员工请了病假，而她正好从老板的办公室门口经过，老板便叫住了她，问她会不会做PPT。

她问："您什么时候要？"

老板说："后天我要去北京总部开会。"

她说："没问题，我明天下午给您。"

其实，她并不精通做PPT。那天晚上，她几乎一夜没合眼，忙活了整个通宵。第二天中午，她把做好的PPT交给了老板。

后来，她的PPT越做越好，而且报告也写得很得体，老板索性将这项工作交给她负责，她成了老板的头号助理。

她当初完全可以和老板说，我不会做PPT，老板也不会把她怎么样，但她会错失一次展现自己能力的机会。

愚者错过机会，弱者等待机会，而强者则把握机会。

2. 这件事，凭什么让我去做

有些职场人士把工作分得很清楚，不会多做一点事情，如果被安排做额外的工作，就会不停抱怨。他们会说："明明不是我的工作，凭什么让我去做？"

说这种话的人，在团队或公司中往往很难获得突破。没有哪个老板喜欢没有主动性还经常抱怨的员工。

王婆卖瓜，自卖自夸一下，我就是那种"受虐型"的人。

以前在给别人打工的时候，只要是老板安排的活，我从来不会抱怨，从来不会说为什么让我做这件事，就算这件事不是由我负责的。我想的更多的是如何将这件事做好。

我觉得这是职场人士应该有的品质：服从领导的安排，听从领导的指挥。你实在做不了，可以讲出来，但别总抱怨没完，因为这没有用，安排你做你就得做，除非你撂担子不干了。

即使是同事之间，老员工欺负新员工，什么活都往你这里堆，你也别有过多的抱怨。

没有不透风的墙，没有长不大的鸟，你的能力越强，做得越多，越有机会展现自己，获得突破。

我经常说，领导就和监考老师一样，办公室里谁是什么情况他心里都很清楚，只是没挑明而已。

在职场中，多做一点、多学一点没有坏处，吃的肉长在自己身上，长的本事也落在自己身上。

3. 这件事，不能怪我

在职场中有一种很不受欢迎的人，他们一遇到问题就把自己撇得一干二净，躲得远远的。

这样的人，无论是同事还是领导都不喜欢，自然只能在基层岗位徘徊。

出了问题，最重要的是大家一起解决问题，将负面影响降到最低。这才是重点，而不是追究谁对谁错。

出了问题，你一句"这事不赖我"就把自己撇得远远的，领导会怎么想？与你共事的同事会怎么想？

没有哪个领导喜欢满嘴理由、没有勇气承担责任的员工；没有哪个同事愿意和临危自保、推卸责任、牺牲他人的人共事。

能否勇于承担责任既体现了一个人的工作态度，也体现了他的人品。

别把工作想得那么复杂，把自己正在干的事情当成一回事，用心去做，你自然就能做好，自然就能脱颖而出。

态度决定高度，用心做人做事，你才有可能成功。

受益一生的十个好习惯，请努力养成

我相信很多人都知道要自律、要努力，但不知道具体要做什么，也不知道从哪里入手。

我的建议是，先从养成一个好习惯开始。

奥斯卡·王尔德说："起初是我们造就习惯，后来是习惯造就我们。"

一个人最终有怎样的人生，在很大程度上取决于他拥有什么样的习惯。一个人身上的好习惯越多，恶习越少，他的人生往往越美好。

我总结出了十个好习惯，我希望你能咬牙坚持，努力让自己养成。

1. 注意身体：多运动，规律作息

我在过去一年里去过几趟医院，有两次是因为失眠和心悸，正因为有了这些经历，所以我对健康的重要性有了更深刻的体会。

用健康换取财富，从长远来看，这是一笔很不划算的买卖。你多年辛苦打拼攒下的积蓄，很可能在一夜之间就都送给医院了。

不管你能不能挣到钱，我都希望你能拥有一个健康的身体。

努力奋斗和保持健康其实并不冲突，你只是不知道如何权衡和安排罢了。

我建议你每天抽出一小时用于运动，不要久坐久站，作息要规律，早睡早起，别熬夜，保证饮食健康。

2. 遇事少抱怨，多实干

不管是在工作中还是在生活中，我都希望你能少一点抱怨。除了嘴上爽一下，抱怨真的一点用处也没有。

而且，这个习惯往往会让你陷入更加糟糕的境地，堪称人生的一大"杀手"。

请你在遇到问题的时候少一点抱怨，多付出一些努力和行动，也希望你远离那些爱抱怨的人，净化自己的朋友圈。

3. 保持情绪稳定，每日自省

除了少一点抱怨，你还要努力做一个情绪稳定的人。先稳定自己的情绪，再处理事情，不要被情绪牵着鼻子走。

情绪稳定，不是要你忍气吞声、逆来顺受，而是希望你能权衡利弊，将损失降到最低，不要让自己处于更为被动的局面。

每天抽出几分钟用来自省，最好坚持写日记，养成这个习惯会让你受益良多。

4. 管理好时间，卸载娱乐软件

有人说，如何过一天，就如何过一生。

要想知道一个人会有怎样的人生，只需要看他每天都把时间花在什么地方就行了。

优秀的人会把时间用来提升自己，积累沉淀；而平庸的人则习惯把时间用于吃、喝、玩、乐，享受人生。

但是，能够让我们荒废、虚度的日子还有多少呢？

希望你从现在开始，卸载所有可能会荒废你时间的娱乐软件，一切从简，管理好时间，多做真正有意义的事。

5. 列待办事项清单：今日事，今日毕

很多人都有这样的苦恼：自己做事拖延，总是丢三落四，效率不高。如果你不知道怎么改变，那么我建议你养成列待办事项清单的习惯。

每天早上，将今天要做的事情全部罗列出来，最好将重要性和紧急程度都标写清楚。

今日事，今日毕，如果你能做到这一点，你的人生肯定会慢慢好起来。

6.记账：树立正确的消费观

常有读者留言说自己负债累累，几万元、几十万元的都有；也有人说自己想理财，但不知道从哪里开始。

我建议你从今天开始养成记账的习惯，记录每一笔日常开支。

当你真正开始记录和统计，搞清楚自己的钱花在哪些地方以后，你可能会在消费习惯上发生不小的改变。

善意地提醒一下，不管你现在收入有多少，都请节约用钱，把钱花在刀刃上，别糟蹋钱。

7.至少要有一个爱好，并投入精力

请至少有一个爱好，体育方面的也好，文艺方面的也罢，如篮球、足球、书法、绘画、写作都可以，但打游戏和追剧不算。

你至少要有一个爱好，如果你暂时还不知道自己喜欢什么，那么请你现在就开始培养自己的爱好，不用很多，一两个就好。

在明确了自己的爱好以后，请你多投入精力，并坚持下去，这份坚持会给你的人生带来很多惊喜和契机。

8.少参加低质量的饭局，学会独处

朋友要交，人际关系也要经营，但你一定要减少无效的社交，不要参加一场接一场的饭局，你需要的是一次次有价值的遇见。

低质量的社交不如高质量的独处。

与其和一帮朋友出去买醉，不如静下心来看几本书，自学几款软件和几项技能来得实在。

希望你能学会独处，并享受独处，在静谧的时光里，努力雕琢出更优秀的自己。

9. 少说多听，多换位思考

俗话说："病从口入，祸从口出。"

我希望你能养成少说多听，凡事多换位思考的习惯。

如果你能养成这个习惯，那么不仅可以提高你的情商，而且可以避免在人前出丑。

这个习惯对你的个人品质影响巨大。

10. 有空多看书，坚持阅读

最后一个建议是，请养成坚持阅读的习惯。

俗话说："若有诗书藏在心，岁月从不败美人。"

提升自身的层次、修养、学识、谈吐、气质和心境的最佳方式就是阅读，这也是最节省成本的方式。

人生走到最后，你会发现，衡量一个人幸福和成功的标准并不是他拥有多少金钱和权力，而是他的灵魂是否有趣，是否丰盈。

阅读这个习惯将决定你人生的质感。

上面的这十个习惯，我建议你用一张便利贴记下来，然后把它贴在醒目的地方，时常提醒自己。

马克·吐温说："习惯就是习惯，谁也不能将其扔出窗外，只能一步一步地引它下楼。"

一个习惯，不管是改掉还是养成，都需要一个过程，都需要坚持。

愿你能养成这十个好习惯，并坚持下去，在余生遇见更好的自己。

第四章

处世破局

追寻人生意义，探秘生命价值

人活着，真正的价值是什么

有一天晚上，我给孩子讲睡前故事，故事的名字是"坐井观天"。

常年生活在井里的青蛙并不知道天地有多广阔，在它看来，天地之大不过就是一口井，它根本不相信小鸟说的话。

最后，小鸟说："青蛙先生，如果你不信，你可以跳出来看看呀。"

儿时学这篇课文的时候，我们嘲笑青蛙目光短浅、没有见识，长大后再看这则故事，我却有了不一样的体会。

青蛙之所以目光短浅并不是因为它安于现状，而是因为井口如此之高，它根本跳不出去啊！

很多时候，我们就像这只跳不出井口的青蛙。我们也听说过光芒万丈的人生，但纵使拼尽全力，依然抖不尽身上的铁锈。

不得不承认的事实是，对大多数人来说，即使用尽了力气，也只能度过平凡的一生。

所以，我时常思考一个问题：对平凡的人来说，人生到底有什么样的价值？

1. 成年人的世界里没有"容易"二字

我曾看过泰国的一个短片，前前后后看了好几遍，颇有感触。

这个短片的内容是对三个普通家庭的父母和孩子的访谈。

访谈的对象，一位是曾经坐过牢、目前是摩托车司机的父亲；一位是生来就有残疾的母亲；一位是收入很低、靠缝补纽扣挣钱养家的母亲。

他们没有体面的工作，收入很低，虽然终日为生计奔波忙碌，但日子却依然过得紧紧巴巴。

为此，他们陷入深深的迷茫和自责，质疑自己活着的价值。

开摩托车的父亲说："我曾经坐过牢，应聘时没有人录用我，我很怕孩子问为什么爸爸在做这么低阶的工作。"

他心里有一个疑问：孩子能忍受跟着我过这种苦日子吗？

生来脚就有残疾的母亲说："我很难过生来就和别人不一样，我怕我儿子觉得丢脸，因为他有一位残障的母亲。我对不起他，是我害得他过得那么辛苦。"

女儿考上好学校，但因为家里没钱，只能半工半读。收入很低、靠缝补纽扣为生的母亲哭着说："我很想和我的女儿说声抱歉，如果她出生在别人家，她的生活应该会很好。"

我听了这些话很心酸，我也有孩子，也为人父母，这种感受我能够体会。我们总想给孩子最好的，但往往力不从心。

对中年人来说，年幼的孩子只是一头，另一头还有老去的父母，都需要你去照顾。

就像纪录片《人间世》中说的那样，中年人就像一根蜡烛，两头都在燃烧。

很多时候，尽管已经努力燃烧了自己，却依然照不亮整个屋。

2. 人生真正的价值，就是为所爱而活

如果以世俗的标准来评判，那么短片中的这三位父母都不是成功人士，他们没有体面的工作，收入不高，也没有权力。

他们普普通通，在生活的泥潭里奋力挣扎，正如我们大多数人。

那么，平凡的人生到底有什么样的价值呢？

这三个家庭的孩子给出了答案。

摩托车司机的女儿说："他是一个很棒的人。我很想对他说，我很爱他，直到生命的尽头。"

残障母亲的儿子说："她脚有缺陷又怎样？就算别人嘲笑她是跛脚，那也是他们的事。在我心里，我的妈妈是最伟大的

英雄。"

靠缝补纽扣养家的母亲的女儿说："我不希望我妈认为我出生在别人家会过得比较好，虽然她没什么钱，但她给了我满满的爱。在我眼里，我妈是世界上最厉害的人，能当她的女儿是最幸福的事。"

人生真正的价值是什么？

短片最后有这样一句话："为你所爱而活，就是人生真正的价值。"

不管你现在的处境如何，不管你现在正在过的生活是好还是坏，我都希望你能做到下面三件事。

（1）好好爱自己，因为你真的很重要。

也许你并不成功，但你不要因此而妄自菲薄，不要轻贱自己。

在外面你或许不是什么重要人物，但是对爱你的人、对你的家人来说，你真的很重要，重要到没有人可以替代你。

好好爱自己吧，爱惜自己的身体和生命，别再无节制地熬夜，别再自暴自弃，不管遇到多大的困难，你都要好好活着，为了爱你的人。

（2）为了你爱的和爱你的人，好好努力。

我有一次和几位老友小聚，其中一位朋友说，我这人没什么伟大的梦想，我现在最大的梦想就是努力挣钱，让家人过得好一点。

我说，这就是伟大的梦想。

别再浑浑噩噩地混日子，别再懈怠了，当你有了家庭，有了孩子，当你的父母老去，你就会明白努力到底有多重要。

（3）哪怕再忙，也别忘了陪伴家人。

尽管有人说"放下工作养不起你，拿起工作陪不了你"，但我希望你能尽力做到平衡，挣钱很重要，事业很重要，但家人更重要。再忙，也要留点时间给家人。

利用刷手机的时间，给远方的父母打个电话；少参加一些无关紧要的饭局，陪家人一起吃顿饭。

人生很苦，生活很难，但总有一些人值得你去拼尽全力，也总有一些人在默默爱着你，即使你不那么成功，也不妨碍你成为他们心中的英雄。

努力生活，用力去爱，这样的人生才真的价值非凡！

见过世面的人，到底有多厉害

晚上和几位朋友小聚，因为大家都已经有了孩子，就很自然地聊到了教育这个话题。

老陈有一套自己的教育方式。这几年，他几乎每个月都会带着孩子出去走一走，看一看。

不过，老陈家的出游和很多家庭不一样。大多数父母都会带孩子去游乐场、去动物园，这些地方老陈也会带孩子去，但他也时常带孩子去一些很"冷门"的地方。

例如，他会带儿子去儿童福利院、去敬老院、去大山里；会带儿子去听评弹、看戏剧；会带儿子去农村的亲戚家吃饭。

"见见世面"是老陈常挂在嘴边的一个词。老陈说，所谓"见见世面"，其实就是见见真实的生活。

不夸张地讲，豆豆（老陈的儿子）是我见过的同龄的孩子里最有气质的，待人接物都十分得体，恰到好处，不跋扈、不怯场，温和又开朗，一切都刚刚好。

老陈也是这样的人，和他相处感觉很舒服。他拥有的资产已经超过千万元，但一样可以和你到街边撸串；他虽年长几岁，但与你说话时却很少用说教的口吻，态度很谦逊。

这也许就是真正见过世面的人所拥有的气质吧。这样的人，往往都活得很有质感。

什么样的人，才算是真正见过世面的呢？

1. 不随波逐流，不嘲笑别人

曾有一位读者对我说，他还有五年就要结婚了，可是现在没房、没车、没存款、没对象，内心很焦虑。

我好奇地问他，为什么他连对象都还没有，却知道自己还有五年就要结婚了呢？

他告诉我，在他们老家，男人最迟到 28 岁一定要结婚。

有人听了可能会笑，请先别急着笑别人。很多人其实和这位读者一样，都在试图按照"标准模板"过自己的人生。

很多时候，标准意味着平庸，也意味着失去了自我。

我的一位朋友阳阳家境优越，大学毕业后出国留学。他谈起在国外的几年经历，感慨最多的就是，别轻易对一个人下结论，包括我们自己。

他见过 50 岁的人创业，70 多岁的老奶奶学滑板，步履蹒跚的老头和他们一起听课。

当你真正见过世面，就会知道人生其实应该是"无年龄感"的。人生的每个阶段，没有非做不可的事，也没有绝对不能做的事。

当认识到了这一点，认识到每个人都有自己的"时区"和节奏之后，处世的心态就会不一样：不会因为被同龄人甩在身后而苦恼，焦虑万分；不会因领先于别人而沾沾自喜，目中无人；不会轻易放弃梦想，永远保持年轻的心态；不会嘲笑那些努力生活、勇敢追梦的人。

有些人死于25岁，葬于75岁；有些人永远都是25岁，一辈子都活得热气腾腾。

对人生的认知不同，结局往往也不同。

2. 能享受阳光，也能扛住风雨

很多父母都会带孩子出去看世界，可往往只限于吃、喝、玩、乐，见识是增长了，但却总少了点什么。

有一次，我和一位朋友开车与老陈一家同行去四川的某个山区，看得出来，那里的人和他们挺熟络的。

豆豆一下车，远处就有几个孩子奔了过来。说实话，那几个孩子身上脏兮兮的，但豆豆却丝毫没有嫌弃的意思，一群小孩迅速消失在大人的视野里。

老陈两口子搬完东西后，站在墙角下和几个当地人聊天，完全没有捐赠者的高姿态。阳光下的他们站在那里，更像多年的老友，侃侃而谈，有说有笑。

那一幕给我的触动很大，所谓教养，所谓人格高贵，大概就是这个样子吧。

谈及带孩子去敬老院、去山区的原因，老陈有一番话说得很好："我希望他能见到世界不同的样子，见过优秀的，就会知道人外有人，知道进取，懂得谦逊；见过苦的，就会知道怜悯，懂得珍惜。"

很多时候，你只有见过真正的苦，经历过苦，才能不惧怕苦，受得住苦，不抱怨苦。

我想起了罗曼·罗兰说过的一句话："世上只有一种英雄主义，就是在认清生活的真相之后依然热爱生活。"

真正见过世面的人的身上，往往都有这种英雄主义。

他们既可以享受最好的，也可以承受最差的；既会讲究，也能将就，不管多难，都满怀希望。

3. 见识决定高度，做好两件事

什么是见过世面？说白了就是见识多了，眼界宽了，格局大了。这些因素往往决定了人生的高度和质感。

为什么有人说女孩要富养？其中一个原因就是，她只有拥有过好东西，日后才不会轻易地被好东西所诱惑。

为什么有人遇到问题时可以不慌不乱，遇到困难时可以坦然面对，泰山崩于前而色不变？因为他见过比这更糟糕的。

为什么有人会放弃稳定的工作，去折腾、去创业？因为他见识过努力的力量。

为什么有人待人接物谦逊得体，让别人很舒服？因为他见过人外人，也因为他拥有过，所以不必通过炫耀来证明自己。

我一直深信两点：很多时候，你越炫耀什么，意味着你越缺少什么；所谓知足常乐，往往是因为你没拥有过更好的，也就是没见识，没见过世面。

见世面的方式有两种：读万卷书，行万里路。

读书自不必说，但对于"行万里路"，我想多讲几句。

所谓"行万里路"，不是说要去多远的地方，拍张照片，发个朋友圈，而是通过看世界、看众生，领悟生活，看清自己。

当有一天你真心觉得每个人都不容易，不再轻易评价一个人，真正热爱生活，不活在别人的评价里时，你才算真正见过世面。

人生最好的模样，不过如此！

三十岁了，那又怎么样

1990 年出生的我，已经三十岁了，身边的朋友大多也是这个年纪。大家都在而立之年的门口徘徊着，从青涩走向成熟，从一个人变成两个人，顺便还拖个"小尾巴"。

那一年，在一家小酒馆里，我的朋友王大力过三十岁生日。所谓"过生日"，其实就是几位老友聚聚，大家一起闹腾闹腾。

那段时间，王大力过得并不如意，每次回家或接到家里电话，话题永远绕不开结婚生子这些事情。

有一次，我们在一起喝酒，王大力说着说着就哭了："三十岁怎么了？我真搞不懂为什么什么事都要卡在三十岁。"

老话说，三十而立。在大多数人看来，到了这个岁数，人生的很多事都应该定下来。

再不结婚就晚了，再不嫁人就嫁不出去了，还没买房买车说明没出息……

三十岁，就像一条人生分界线，左右两个世界，左边阳光灿烂，右边电闪雷鸣。

1. 为什么三十岁成了人生分界线

大家有没有思考过一个问题："三十而立"这个说法存在了几千年，难道没有一点道理吗？

我觉得是有道理的。

很多时候，看到一个人三十岁的样子，就可以大致给他这辈子盖棺定论了。依据是什么呢？

依据就是，看他在三十岁之前是如何活着的，是在拼还是在混。

如果是在拼，那么即使目前一无所有也没什么，到了三十二岁、三十三岁，哪怕再晚一点，到了四十岁，终归会有起色的。

如果是在混，那么就很难让人看到希望。这样发展下去，即使到了五十岁、六十岁，也还会是老样子，没有任何向上的迹象，而且会越来越差。

我在文章里经常强调，岁数越大，奋斗起来越吃力。这是因为，那时候人的精力、智力和体力都跟不上了。

所以，世人常用一个人三十岁左右时的成就来衡量他的一生，这也不是没有道理的。

很多人确实在以后漫长的岁月里趋于沉寂，泛不出任何的涟漪，这也是我建议大家要趁年轻好好努力的原因。

真正的朋友会提醒你注意身体，鼓励你向前走，告诉你输了有我们托底，但不会劝你不要努力。

因为他们知道，年轻时不努力，以后只会越来越苦。

2. 三十岁了，那又怎样

话说回来，即使现在三十岁了仍一无所有，那又怎样？只要你有心改变，哪怕已经过了三十岁，又怕什么呢？

我曾看过泰国的一部短片《我三十岁了》。这部短片告诉我们，三十岁了那又怎样，这只是一个数字，你依然可以去做你想做的事。

我对王大力也这样讲过："感情的事，需要抓紧，但不要将就，随便组合，离婚的多；事业上，你一直在做自己喜欢的事，而且也很努力，收入不算高，但也不差，有多少人可以活成你这样，不忘初心呢？"

只是，很多父母不理解这一点，不过这也并不奇怪。人就是如此，岁数越大，越追求稳定。

在他们看来，别人到了三十岁都结婚了，你不结婚，你就是有问题，就是不应该；别人三十岁都事业有成了，你一事无成，你就是没出息。

他们有这样的认知是可以理解的。

我觉得，作为新时代的年轻人，应该有自己的思想和价值观，应该有自己的选择、自己的生活，不应该把最终选择权交到别人手里，这个"别人"也包括父母。

一辈子很长，不知道什么时候能熬到头，但一辈子其实又很短，过着过着就老了，才发现有很多计划中的事情还没有做，想去的地方还没来得及去。

我曾在微博上看到一句很扎心的话："遥不可及的并非十年之后，而是今天之前。"

我们每个人都在和时间竞赛，最终不管输赢，都会离开这个世界，最重要的不是别的，是途中经历的事，遇到的人，看过的景。

三十岁了，那又怎样，真正老去的不是年龄，而是欲望和斗志，只要你保持一颗跳跃的心，永远都是少年。

人生最怕的四个字：我本可以

人为什么要努力？

有个回答非常精彩：因为最痛苦的事不是失败，而是你在心里默念"我本可以"。

我曾看过一则让人热血沸腾的故事。

1. 四位老人惊艳了世界

澳大利亚悉尼的一家游泳馆里来了四位与众不同的客人，他们走起路来颤颤巍巍，他们到底多大岁数呢？

在前台的登记表上，"年龄"一栏赫然写着"92 岁""90岁""91 岁""87 岁"，平均年龄高达 90 岁。他们是一个组合，有着一个很响亮的名字"Team360"。

91 岁的约翰已经退休在家 20 多年，每天看看报纸，偶尔出去走走，打发时间。

这一切直到一张老照片的出现戛然而止。有一天，约翰正在收拾屋子，他无意中看到了自己年轻时的一张照片，穿着海军制服，英姿飒爽，笑得很阳光。

这让他想起了曾经的一个梦想：成为一名专业的游泳运动员，参加奥运会，打破世界纪录。

当年在海军服役期间，他因为各种原因与这个梦想一次次擦肩而过。后来，他结婚生子，被琐事缠身，与这个梦想渐行渐远。

约翰做了一个惊人的决定，他要去参加游泳比赛。

这是他一生实现梦想的最后机会了，再老也要拼一次，尽管此时的他已经走路蹒跚，关节严重退化，心脏也不好。

第二天，约翰来到了游泳馆，结果却备受打击，他的身体真的是不行了，他在水里的表现很挣扎。

有一天，约翰发现游泳馆里还有一个和他年纪差不多的老人，那个老人竟然可以用标准的蝶泳姿势在水里游好几个来回。

那个厉害的老人叫斯蒂恩，已经93岁了，曾经是一名职业运动员，在国际比赛中获得过七枚金牌。

斯蒂恩知道约翰想参加游泳比赛的梦想后，非常支持他，又拉来了两位老人，分别是90岁的奥西和87岁的麦克斯。他们有了共同的梦想：在有生之年参加一次职业游泳接力赛。

后来，他们如愿报名了游泳锦标赛，开始了认真训练。四位老人如同回到年少时一样热血澎湃。

不久之后传来噩耗，他们约好来一场模拟赛，但第二天却迟迟等不到斯蒂恩，原来前一天晚上斯蒂恩突发心脏病离世了。

斯蒂恩的离世并没有令大家退缩。悲痛之余，他们继续前行，希望替老友实现梦想。

87 岁的麦克斯走遍了全城，终于在一家养老院里找到了 90 岁的退休工程师雷来顶替斯蒂恩的位置。

队伍组建好了，他们继续训练。为了弥补体能上的短板，约翰竟然泡在健身房里练起了肌肉。

这四位老人平均年龄高达 90 岁，其中一位走路需要拄拐，两位得过癌症，患有心脑血管疾病，每个人都有关节炎……

即便如此，他们依然追逐梦想。下个月，这四位老人将走上赛场，祝他们好运。

其实，最终结果如何已经不再重要了，他们早已是赢家。活到了这个岁数还能如此追求梦想，他们的精神让很多年轻人汗颜。

2. 人生最怕"我本可以"

当你老了，回首一生，最后悔的事情是什么？

有人曾做过这样的调查，采访了很多老人，问他们最后悔的事情是什么。有 92% 的人后悔年轻时不够努力，结果一事无成。

很多时候，我们不是败给了时代，也不是败给了现实，更不是败给了同龄人，而是败给了自己，只会空想、没有付诸行动的自己。

曾有一位读者和我说："我想和你一样成为一名作家，但是我没有功底，怎么办？"

我看了他发来的两篇随笔，稍显稚嫩，但也不算差。

我告诉他，我也不是中文系出身，同样没有专业的功底，我大学读的是电子信息工程，但这并不意味着我们不能成为作家。写作是一个长期积累的过程，多看书、多思考、多动笔，每天坚持写日志，坚持下去，你就能写出好文章。

我不是在安慰他，世界上有很多事情需要天赋，但很多时候勤奋也可以弥补天赋的不足。

其实，每个人的天赋都差不多，很多事情，不是你不可以，你本来可以，只不过你没有登顶的那些人那么努力和执着，没有为此付诸行动罢了。

两个月以后，我问这位读者："你坚持写东西了吗？"

他说："没有。"

或许在多年以后，他会想起自己在年轻时曾有过一个当作家的梦想。他会感到遗憾吗？那就不得而知了。

但我知道，每个人都有梦想，都有想做的事，或大或小；都有想去的地方，或远或近。可是，真正能够为之付诸行动的人却很少。

万丈高楼平地起，你只有付诸行动，才有可能成功；你不去做，就肯定不会成功。人生的成功之道其实就这么简单。

人生最大的遗憾不是我没有做成，而是没有去做，最后只能在心里一遍遍地嘀咕着："我本可以。"

前面讲的那四位老人的故事虽然很激励人心，但我认为有些事还是要趁早去做，别错过了最佳时机，不是所有事都可以挽回的。

余生说长也长，说短也短，趁早努力，别辜负了自己。

真正厉害的人，都已经戒掉了玻璃心

我曾遇到一件挺尴尬的事。

有一天，一位读者给我留言，一共有八条信息。

她正在考虑是否要换工作。她想换工作的原因是，目前公司的老板经常动不动训人，而且同事之间的关系也很冷漠，大家都排挤她。

她问我："这种没有人情味的公司要不要离开？"

这是她上午给我发的信息的内容，下午她又给我发了一条信息："你为什么不理我？"

其实，并不是我不理她，我只是没有及时看到消息。等到我看到她发来的消息后，编辑好了一段话回复她时，结果显示需要开启朋友验证——她已经把我删除了。

我不知道她到底经历了什么，但我想她在删除我的时候，心里应该是挺失望的。

我重提这件尴尬的事，一是想还原真相，希望她能看到；二是想借机聊一下"玻璃心"这个话题。

1. 想要真正有所成长，从收起玻璃心开始

什么是玻璃心？

照着字面意思理解就可以了，就是说心像玻璃一样容易碎，敏感且脆弱，很容易受伤。

在职场中，这样的人还是挺多的，他们受不了一点委屈，看不得一点儿脸色，听不了一句重话。

很多人离职，其实和薪资没有太大的关系，而是受不了工作环境和工作压力，忍受不了老板和同事。

就像那位读者遇到的情况，她受不了老板的坏脾气，受不了同事的冷漠。

有些老板的脾气确实比较差，有些同事确实难以相处，但也不排除另外一种可能性：实际上他们并没有那么难相处，只是我们自己的玻璃心在作祟。

所谓的"老板脾气不好"，很可能是因为你没有把工作做好，老板的语气重了一点，态度严厉了一点。

所谓的"同事冷漠"，很可能是因为分工很明确，大家都在忙，所以无暇顾及你。

所谓的"大家排挤你"，很可能是因为你没有主动靠近别人。

所谓的"不理你"，其实是别人没有及时看到信息。

在职场中打拼，拼的就是两样——做人和做事。

我认为，一个人要想真正有所成长，首先就要收起自己的玻璃心。

这是因为，有一颗玻璃心，你就不容易看到真相，把握不住问题的重点，把注意力都放在情绪而非问题本身上，你的能力也很难提高。

有一颗玻璃心，你的情绪就不太稳定，脾气也比较大，你的人际关系就会比较差。刺猬往往是没有朋友的。

能力不行，情绪也不稳定，人际关系还僵，结果自然不会好到哪里去。

2. 为什么很多人会有一颗玻璃心

为什么很多人会有一颗玻璃心呢？

每个人的成长环境不同，经历也不同，但从总体上看，主要有四个原因。

（1）认知水平低。

因为认知水平低，所以在遇到事情的时候，判断就会比较局限和偏激，抓不住重点。

例如，被老板训斥两句，认知水平低的人生气的是老板说话太难听，却不想为什么老板会训人，把注意力全部集中在自己的情绪上。

（2）因自卑而过于敏感。

越自卑的人，越在意面子，内心越敏感。

例如，你不能在一个因钱而自卑的人面前提钱。很多时候，一句看似很平常的话，他听到了就会反驳："有钱就了不起吗？"

有人工作能力差，你对他做的东西提出修改意见，他就会很生气，心里会想："就你厉害！"

（3）内心戏太多了。

很多人的思维是比较发散的，他们适合当导演。

你根本就没有那种意思，但是在他听来却意味深长，他自己会臆想出很多的可能性，内心戏十足，而且最后往往会认定最坏的那一种。

（4）太闲了。

饱暖思淫欲，人闲生是非。

很多时候，玻璃心之所以有机会出来作祟，就是因为这个人太闲了，有闲工夫去胡思乱想、去矫情、去生气。

我不是心理学专家，但这两年确实和不少读者有过促膝长谈，也听了不少故事。

这几点总结得也许不够全面，但那些有一颗玻璃心的人，多多少少都与这些原因沾边。

3. 要想修复玻璃心，就要做好三点

有一颗玻璃心的人，一般都过得不太好，事业停滞不前，生活鸡飞狗跳。

所以，要尽力修复玻璃心，这对很多人来讲是一个重要的课题。

你的内心越强大，你的人生就会越好。要想拥有一颗坚强的心，我建议你做好下面的三点。

（1）提高认知水平。

我在文章里经常提到认知，我觉得认知水平的高低对一个人来说太重要了。

要想告别玻璃心，你必须要有下面几点认知。

第一点是，世界上没有不委屈的工作，也没有不委屈的人生。

无论你换了多少份工作，住在什么样的房子里，只要你的玻璃心不修复，就一直会有让你不爽的人和事出现，问题的根源在于你的心态。

第二点是，认识自己，直面自己的内心。有玻璃心并不可怕，视而不见和不承认才可怕，因为问题不解决，它就永远在那里。

第三点是，在遇到事情的时候要多思考问题本身，而不是只关注自己的情绪。这其实是一种思维，我们可以称之为"理性

思维"。

（2）提高自身的能力。

人生最大的魅力在于，即使你很弱小，低到尘埃里，也一样可以不断地向上生长。

人的内心会随着自身能力的提高、眼界的开阔、格局的提升而变得强大起来。

有句话说得好："当你强大了，世界就会对你喜笑颜开。"

其实，世界依然是那个世界，只是你已经不一样了。

（3）忙起来，不要混日子。

这是一个不是方法的方法，但却是最容易上手和最容易做到的，让自己忙起来吧，专注于工作。

没事多看书，有空多挣钱。很多时候，你专注于提升自己，一切嘈杂的声音和不好的情绪都会随之烟消云散。

请记住这句话：真正厉害的人，往往都是百毒不侵的。

世界上没有生来就强大的人，每一颗强大的内心都曾脆弱过，那个摆渡人就是我们自己。

愿有一天，你能真正地笑着看世界！

想过好的人生，就要学会适时地清零

你应该有过这样的经历，计算机用得久了，里面存储的东西多了，系统的运行效率就会下降。

这个时候，只要清理一下系统，或者重装系统，系统运行就会变得顺畅起来。

其实，人生也是如此。

很多时候，我们应该学会适时地清零，好的、坏的都要清空。只有这样，我们走起来才会更轻盈，才会得到更多。

1. 把好的清零，不被现在迷惑

我之前与一位销售经理聊天，他做过许多项目，成绩斐然。

他说，销售这个行业，所有人永远都是新人，只有把自己当成一个新人，才能做好销售。

怎样理解这句话呢？

对销售员来说，每一天都是新的开始，无论你取得过多么辉煌的成绩，就算上个月是销售冠军，只要你懈怠了、不拼了，你这个月就有可能垫底。

我觉得他讲得挺有道理，不仅是销售行业，所有的职场人士都应该有这样的心态，都应该学会适时地清零。

俗话说："好汉不提当年勇。"换句话说，真正的好汉，真正优秀的人，是不会沉浸在往日的成绩里的，他们永远保持着谦虚的态度和进取心。

你只有一直保持进取心，才能保证自己一直有进步、有收获。

这个时代的竞争是很残酷的，大家都在往前跑，你一旦停下来，就会被别人甩在身后。

我读过不少名人传记，我发现几乎所有成功人士身上都有一种特质，那就是不断进取，永远不满足于目前的成就。

李嘉诚建立了庞大的商业帝国，取得了常人难以企及的成就，但他依然坚持每天看书，学习英文。

雷军在做小米之前，已经功成名就，早已实现财务自由，可依然一头扎进了手机行业，开启了一段全新的创业之旅。

很多时候，过去的成绩往往会变成一个人脚上的脚镣，阻碍他向前走。

有太多的职场人士起初很拼，但在升职加薪以后就开始懈怠了，躺在功劳簿上吃老本，最终的结果都不太好。

所以，别为过去的成绩沾沾自喜，应该放下阶段性胜利的包袱，将之前的成绩及时清零，这样你才能走好现在的路，才能获得新的成绩、新的突破。

能够做到这一点的人并不多。要想做到这一点，就要拥有清醒的头脑和足够的勇气。

2. 把不好的清零，不要让它影响未来

过去的成绩要清零，那些负面的东西更应该清零。如果你想走好未来的路，就要先放下过去。

很多时候，人的痛苦和不幸都是自己造成的，不是世界对自己残忍，而是自己从未放过自己。

金庸的小说《神雕侠侣》里有一位女魔头，她就是江湖人称"赤练仙子"的李莫愁。

年轻时的李莫愁原本很善良，爱上了陆展元。为了他，她不顾男女之嫌给他疗伤。陆展元离开时许诺会回来带她走，可李莫愁却始终没有等到他，原来陆展元爱上了别人，并已经结婚生子。

从此，李莫愁心性大变，因爱生恨，变成了江湖中人见人怕的女魔头。

李莫愁在绝情谷被万千情花刺中后仍不忘陆展元，最后葬身于焚烧情花的大火之中。

可以说，李莫愁的一生是可悲的，如果她能从这段失败的感情里走出来，可能就不会有这样的下场，她的人生说不定是另外一番模样。

人的一生中不可能总是一帆风顺，不可能不经历痛苦和失败，也不可能不犯错。

谁都有不堪的过往和回忆，重要的是要学会放下，不要遇到一次恋爱失败，就不再相信爱情；不要遇到一次失败，就不再相信成功；不要犯过一次错，就开始自暴自弃……

有人沉浸于过往的阴影中，无法自拔；有人走出阴霾，继续向前，这就是人与人之间的差距逐渐拉开的一个原因。

何为强者？

我认为，真正的强者在回首自己痛苦的经历时，能够做到像讲别人的故事一样谈笑风生。

这样的人往往才能拥有更美好的人生。

有一句话能让开心的人听了不开心，让难过的人听了更难过，这句话就是："一切都会过去的！"

是啊，一切都会过去的，好的、坏的、开心的、不开心的，最后都会成为过往。

想要过好人生，就要学会适时地清零，别让不好的东西影响你的未来，也别让好的东西迷惑你的现在！

人生如戏，导演必须是我们自己

《非诚勿扰》节目有一期对"控制型父母"进行了一番讨论。

有一位女嘉宾讲述了自己的经历，她从小到大，上什么学校，选什么科目，读什么专业，毕业以后从事什么工作，进什么单位，甚至选择什么样的男朋友，全部都是由她的父亲决定的。

她直言："我的人生一直被父亲操控着。"

自己的人生由别人来操控，这听起来是不是很可怕？

实际上，很多成年人都是如此。他们活在父母规划好的剧本里，到什么年龄干什么事，要去哪里，全部都已经被设计好。

我听过不少读者讲述自己与父母之间的矛盾。

有人想从事绘画工作，自己开工作室，父母却要求他考公务员；有人想留在大城市里，但父母不同意，要求他回老家等。

他们为此感到纠结、痛苦，到底应该顺从父母，还是该听从自己内心的声音呢？

虽然有过挣扎，但不少人最终都选择了妥协，因为他们深受"顺者为孝"观念的影响，而且确实无力招架父母软硬兼施的手段。

还有一个原因就是，有些人已经习惯了被支配的人生，他们自己无法掌控方向，无法书写自己人生的剧本。

这是非常可怕且严重的一件事。

1. 很多人活着，不过是个傀儡

不客气地讲，很多人活着，不过是个傀儡。他们不知道自己想要什么，想去哪里，想活成什么样，他们只有接收指令的能力，没有独立思考的能力。

在一次线下分享会结束后，一位学生模样的女生跑过来问我："您觉得考研好还是考公务员好？"

我没有直接回答，我反问她："你想选择哪一个？"

她的回答是："我妈的意思是让我考公务员，她认为公务员更稳定，比考研更有前途。"

我问她："既然如此，那你自己是不是想考研，还是有其他打算？"

她摇摇头，表示没有。

我这么问，其实是想知道她自己真正想走哪条路，为什么要走那条路，想听听她自己的想法。

看她没有再继续说下去，我就换了一种方式继续问她："如果不用考虑你父母的意见，那么你自己想选哪一个？"

她先是一愣，然后想了想，回答道："我不知道啊，所以想听听老师您的意见。"

我问："难道你就没想过自己以后要做什么吗？"

她的回答让我很吃惊。

她说："没有呀，我也不知道，您觉得我做什么比较好呢？"

看着她天真无邪的样子，我真不知道是该替她高兴，还是该替她感到悲哀。

我可以想象到，这位姑娘平日里被父母保护得很好，一路走来什么都被安排得妥妥当当。

但是，这种爱的背后是控制和禁锢。20多岁的人不知道自己真正想要什么，没有自己的想法，这实在太可怕了。

在现实生活中，这样的人比比皆是。

很多人干什么事，走什么路，给出的理由都是别人希望他如何如何，这个"别人"可能是父母，也可能是朋友、爱人，唯独不是他自己。

这让我想起一则故事。

每个人其实都有一对隐形的翅膀，这对翅膀只有父母能看到。

有些父母害怕孩子飞翔时摔跤，有些父母担心孩子长大以后飞向远方、离开自己，于是，他们以爱的名义挥动着剪刀，剪掉了孩子的翅膀。

所以，世界上就出现了两种人。

第一种人一直活在父母的身边，哪里都去不了，也不敢去，就像一只被关在牢笼里的金丝雀，看似幸福，实则了无生趣。

第二种人充满野性，天空才是他们的极限。他们飞过狂风暴雨，穿过云层和高山，看似活得艰辛，内心却非常满足和丰盈。

被别人操纵的人生，即使活得再舒服，又有多大的意义？

这个问题值得所有人去思考。

2. 人生如戏，导演必须是自己

我有一位朋友，他的父母是镇上的中学老师，平时对他很严苛。他们也像很多控制欲强的父母一样，为孩子规划好了人生：先读名牌师范大学，然后回家乡当老师。

在他们看来，教师这份职业虽然辛苦一些，但是个铁饭碗，旱涝保收，而且受人尊重，还有寒暑假。

我这位朋友从小就喜欢跳舞。上了大学以后，离开了父母的视线，他感到前所未有的自由，报名加入了校里的舞蹈社团。

他天天跟着一帮人跳舞，有时还在学校的晚会上亮相。没课或者周末的时候，他就去一家舞蹈培训机构做兼职。

大学毕业后，他回到家乡发展，但并没有像父母为他所规划的那样进一所学校当老师，而是进入了一家舞蹈中心当助教。

他的母亲苦劝无果后，甚至过来找我帮忙，让我劝劝他。

但我这朋友铁了心，谁劝都没用，在这家舞蹈中心一待就是三年。

三年后，他自己开了一家舞蹈工作室。

如今，四年过去了，他依然乐此不疲地教人跳舞，参加各种舞蹈比赛，同时事业也小有成就，已经在张罗第三家舞蹈工作室。

而他的父母，也从当初的不同意慢慢转变为支持。

他们现在逢人就说："你家孩子想学跳舞的话，可以去我儿子那里学，我儿子拿过很多奖牌。"

很多时候，我都在思考一个问题：人生短短几十载，这一生到底应该活成什么样，才算是有意义的？

回顾这些年遇到的一些人和事，我不禁发出这样的感慨：人生最美好的样子，其实就是做自己想做的事，走自己想走的路，活成自己想要的样子，而不是别人想看到的样子。

人生如戏，导演必须是我们自己。

我是学理工科出身的，毕业后从事的第一份工作就是整天画图、调试，特别无趣，这让我很痛苦。挣扎了一年，我就辞职了。

后来，我走上了写作这条路，职业生涯也逐渐打开了局面。

如今，我很享受在这条路上行走，虽然有时也会黑云压城、狂风暴雨，有时也会不小心踩进泥坑，但我很快乐、很满足。这就是我想要活成的样子。

第五章

沟通破局

有效沟通，更容易打开局面

稳定情绪是成年人的必修课

当见过太多的悲剧以后，我愈发觉得，情绪稳定和好好说话是成年人最应该具备的两种能力。

有一位读者颇为沮丧地和我讲了她的经历，希望我可以给她支招。

事情是这样的，前天夜里，她两岁的儿子突然身体发热，闹了大半宿，被折腾得快要崩溃的她后来又因琐事与老公吵了一架。

昨天上午，一位客户要求她做一份报告。忙活了一个上午，她终于做好了报告，给客户发过去了。结果，报告很快被客户退回来了，她只好修改。

就这样改了好几轮，她连午饭都没顾得上吃。客户不断地催她进度，最后她实在受不了了，直接用电话与客户沟通。她本想将问题说明白，没想到却出事了。

在沟通的过程中，双方不知怎么就吵了起来，她在电话里冲着客户大吼。

这件事很快就传到了老板的耳朵里，老板让她上门向客户道歉，并且扣 500 元奖金，不然就卷铺盖走人。

她说她做不到，但又不想离开公司，年底工作也不好找，而且每个月还有房贷要还，手里并不宽裕。

我给她的建议是："如果你真的不想离开，那么就放下尊严，为自己的行为负责，没有一份工作是不委屈的。"

我问她："你后悔吗？"

她说："唉，挺后悔的！要是当时能忍住就好了，就没这么多事了。"

可是，世上没有后悔药，发生了就是发生了，只能面对，无法回头。

我们经常会讨论，作为成年人，最基本的素质是什么？想要过好这一生，最应该做到什么？

答案有很多，如自律、勤奋、高效……

不过，综合来看，情绪稳定或许才是成年人的基本素质吧。

1. 情绪稳定的背后，隐藏着一个人的格局和情商

为什么说情绪稳定是成年人的基本素质呢？

因为你工作再努力、再勤奋，做事再高效，能力再出色，但只要你情绪不稳定，这一切就有可能会因为这一点而瞬间化为

乌有。

我曾经听过一则令人悲伤的故事，这则故事同样来自一位读者的经历。

他因为心情不好，一时情绪失控与顶头上司当众吵了一架。他不知道第二天上班应该如何面对那位上司。

他自己也很懊悔地说，来公司几年了，之前建立的好形象、所有的努力就这么毁了。

在成年人的世界里，不打不相识的实在太少，心生芥蒂的恐怕更多。

有些关系一旦破裂，就很难再愈合，即使某日握手言和了，也不过是场面需要而已，再也回不到从前。

美国社会心理学家费斯汀格有一句话说得很好："人生中10%的事件是由发生在你身上的事情组成的，而另外90%则是由你对事情如何反应所决定的。"

很多时候，我们的生活之所以一地鸡毛，就是因为自己没有控制好情绪，对遇到的事情处置不当。

也就是说，你本可以有另一种人生。

例如，本文开头提到的那位读者，如果她能够控制好自己的情绪，那么就不会有后来那么多的烦心事。

情绪稳定的背后，其实隐藏着一个人的格局和情商。

你会发现，那些真正优秀的人往往都能很好地控制自己的情绪，他们很少会情绪失控，做出出格的事，说出不知轻重的话。

其实，他们不是没有情绪，而是能够控制情绪。他们知道权衡轻重，分析利弊，用理智指引自己的行为。

这就是成熟和青涩的区别，而这往往也决定着我们的人生。

2. 成功的人生，就是遇到任何事都能保持情绪稳定

什么样的人生才算是成功的呢？

我有一些新的感悟。

能挣到钱，在事业上有所成就，这当然是一种成功，但我们并不能就此评判这个人是成功的。

相信很多人都看过成龙、谢霆锋和吴彦祖等人主演的电影《新警察故事》。

在这部电影里，吴彦祖饰演的是一个心理畸形的罪犯。之所以说他心理畸形，是因为他犯罪纯粹是为了寻求刺激，报复警察。

例如，他在打劫了银行的保险库之后，竟然主动按响警铃。等警察来了之后，他以袭击警察为乐。

他的心理扭曲与他的成长经历有很大的关系。他的父亲是一名警察，对他过于苛刻，他从小就经常被父亲打骂，深受暴力的伤害。为此，他仇恨警察，最终陷入深渊。

他的父亲身居高位，从事业上来说，他是成功的；但是，作

为一位父亲，他非常失败，亲手摧毁了儿子的人生。

再回到上面的那个问题。

我认为真正称得上成功的人生，应该是没有偏科的，不管扮演什么样的角色，都能做到还不错，至少不会不及格。

要想达到这种境界，就要做到两点：保持情绪稳定，遇事好好说话。

作为员工，如果你遇到一点事情就情绪化，不能和领导、同事、客户好好地沟通，那么你是很难向上走的。

作为管理者，如果你无法收敛自己的暴脾气，动不动就指责、训斥下属，那么你是很难走远的。

作为家庭成员，如果你总是将最坏的一面展现给最亲近的人，不能好好说话，那么你的生活将会一地鸡毛。就算你的事业再成功，你的人生也不会幸福。

作为朋友，如果你的情绪总是不稳定，说翻脸就翻脸，那么你就会很难交到真心的朋友。

作为社会人，如果你无法控制自己的情绪，说话总是伤人，那么你就会把自己逼入险境。

你有什么样的情绪管理能力，就有什么样的人生。遇事时情绪越稳定，人生往往越美好。

不随意评价别人，是一种修养

课堂上，教授给大家讲了一则故事。

一艘轮船遭遇了海难，船上有一对夫妻，好不容易来到救生艇前，但只剩下一个位子了。

这时候，男人把女人推到了自己的身后，自己跳上了救生艇，女人站在逐渐下沉的轮船上，向离开的男人喊了一句话。

故事讲到这里，教授突然停下来，问大家："你们猜一猜，女人喊的这句话会是什么？"

"我恨你，我真是瞎了眼了！"大家群情激愤，都在谩骂这个在生死时刻抛下妻子独自逃生的男人。

一位女生站起身来，对教授说，这位妻子可能喊的是"照顾好我们的孩子"。

教授感到很吃惊，那个女人喊的确实就是这句话。教授问女学生："你是怎么知道的？"

她说："我没听过，不过我的妈妈在生病去世前就对我爸爸这么说的。"

教授继续讲这则故事。轮船沉没了，男人独自带大了女儿。多年后，他因病去世。

他的女儿在整理父亲的遗物时发现了一本日记，原来当时母亲已经身患绝症，父亲带着她去周游世界，却不幸遭遇了海难。

这个男人在日记中写道："我多想和你一起沉入海底，可是我不能，为了女儿，我只能让你一个人长眠在深深的海底。"

很多时候，人与人之间隔了一块透明的玻璃，我们以为自己看得很清楚，但其实看到的只是表象。

在电影《无问西东》里，外人只看到了彪悍泼辣的许师母对许伯常肆意打骂，却不曾看到许伯常对其几十年的冷暴力。同一屋檐下，两人形同陌路。

我曾看过这样一句话："不随意评价别人，是一种修养；不活在别人的评价里，是一种修行。"

1. 不轻易评价别人，是一种修养

韩寒说，如果你不了解，就请你闭嘴，因为你永远不知道别人经历过什么；如果你了解，你就更应该闭嘴。

可惜，我们总是习惯轻易地去评价别人，给其贴上标签，却忽略了我们不曾身在其中，根本做不到感同身受。

在地铁里，你看到一个年轻的女孩没有给站在她旁边的老太太让座。你很可能会想，这个女孩真自私，没有爱心，也不懂得尊敬老人。

但是，你不知道她刚刚和相爱了五年的男友分手，心如死灰，完全处于放空的状态。

你更不知道，她平日里是一个十分乐于助人的姑娘，很善良。

世有万像，人有千面，你看到的往往并非真相。

我有一个很要好的朋友，人长得很帅气，高高瘦瘦的，气质儒雅。他老婆与他站在一起看上去并不般配，因为她很胖。

很多人看到这样的组合，会立马跳出一个念头："这个女的家里应该很有钱吧，不然这么帅气的男生怎么会看上她？"

真相是，我这个朋友和他老婆是高中同学，那时候的她很瘦，皮肤白净。他们两个当时可谓金童玉女、才子佳人。

后来，他们报考了同一所大学，可惜没能如愿。大二的时候，她生了一场重病，服用了一年多含有激素的药，导致体重暴增，而且很难减下去。

顺便说一句，她的家庭是很普通的工薪家庭。

别人的人生到底发生过什么、经历过什么，你根本不知道，所以请不要随意地去发表意见、去评价。

某届鲁迅文学奖的得主引发了争议。有记者打电话给蒋方舟询问她对此争议的看法。

蒋方舟说，我没读过他的诗歌。

于是，记者马上给她念了一首诗，接着再问她的意见。

蒋方舟无奈地说："仅凭一首诗，我不知道该怎么看。"

不轻易评价别人，是一种修养，这种修养体现了一个人的成熟和包容。

2. 不活在别人的评价里，是一种修行

曾有读者和我说："我熬不下去了，想离开深圳回老家去。但在外漂了这么久，一事无成，这样回去是不是太丢脸了？"

我告诉他："如果你真的累了，不想坚持了，你就回去，别在意别人怎么评价你，因为无论你多优秀，总会有人挑出一堆毛病来笑话你。"

曾有一位画家请人指出他新作的缺点，结果这幅画被贬低得一无是处。第二天，他又请人指出这幅新作的优点，结果这幅画被夸得十全十美。

世界上总有人欣赏你，也总有人批评你，你安心做好自己的事就好，不要活在别人的评价里，这是一种修行。

作家李尚龙说："我们是人类，不是一类人。"

每个人都有各自的活法，都有不同的人生节奏、处世态度、价值追求。

《庄子》里有这样一则故事。鹏要飞往万里外的南海，蝉

和小斑鸠都讥笑鹏说："我们奋力而飞，碰到榆树和檀树就停止，有时飞不上去，落在地上就是了，何必要飞九万里到南海去呢？"

蝉和小斑鸠理解不了鹏的梦想，这并不奇怪，但没必要对别人的梦想指手画脚，评头论足。

更重要的是，被评价的人不要受流言蜚语的影响，活在别人的评价里，这是一种很差劲的人生。

活着是一场修行，优秀的人往往专注于做自己，当然也不会随意地评价别人。

与领导、同事、下属说话的正确方式

有些人能力不差，履历也不错，但一直停留在一线岗位，迟迟无法获得晋升。这往往与他们的性格有关，但很多时候也与他们的说话方式有关。

如何说话既是一门学问，也是一门技术。

下面简单分析一下面对不同的人应该如何说话。

1. 如何与领导说话

很多人认为，与领导说话时只需要说好话，其实这个想法大错特错。

首先，领导之所以能够坐在这个位置，说明他比一般人想得更清楚，他可不是别人说两句好话就能被忽悠的。

其次，虽然领导一般都喜欢听好话，但这并不一定适用于所有领导，要看领导的性格如何。如果领导平时在工作中十分务实，那么你光说好话其实并没有什么效果。

那么，应该怎样与领导说话呢？

你只要抓住两个关键点就可以了。

第一点是尊重。领导的面子一定要照顾到，毕竟他在团队里是有一定威信的，不尊重他就等于是在质疑他的权威，自然会引起他的反感。

第二点是效率。讨论工作一定要务实，这样才能在沟通中获得最好的效果，使双方的工作效率实现最大化。工作做好了，大家才能皆大欢喜。

围绕上述两个关键点，我还有五个建议。

第一个建议是，多让领导做选择题，而不是解答题。

在汇报解决方案时，你要把几个选项都说出来，哪怕不是那么好也没关系，至少说明你认真分析和思考了。领导每天要处理很多事，所以他更倾向于拍板做决定。

错误的做法是，先向领导汇报现在的情况，汇报完了问领导应该怎么办。如果你是领导，你也会不开心，你会想："我请你来是让你解决问题的，你反倒问我应该怎么办，那我要你干嘛？"

正确的做法是，挑重点简单向领导汇报现在的情况，然后说出自己的解决方案，有几个方案就说几个方案，让领导判断哪个方案更可行。

第二个建议是，少站在自己的立场说话，多站在团队的立场发言。

同样的意思，立场不同，听起来的感觉也会有所不同。举例来说，领导给你分配了一项每天给文章排版的任务，但你的工作量已经很满了，你坚持了几个月后实在吃不消了。

不会说话的人就会找领导说："我太忙了，工作量太大，做不完，让别人做吧。"

如果你这么说，那么领导听后可能会很不高兴，或者对你有意见，甚至不会同意你的请求。

此时，你可以这样说："领导，能否再多加一个人完成排版的任务？万一我有事外出，就会耽误整体的流程。而且，多一个人也多一些排版的思路，这样可以增加多样性，有利于创新。"

不要觉得这么说话假，领导都喜欢听到这样从大局出发，从整体考虑的建议。

第三个建议是，经常向领导汇报工作进展。

有些人习惯埋头苦干，很少向领导汇报工作进展。

这是一种很不好的习惯。领导平常要处理很多事情，如果他不知道下属的工作进展，就会感到很焦虑。

只有经常向领导汇报工作进展，他才能够对工作有掌控感。领导省心了，你自然会倍受青睐。

第四个建议是，不要越级汇报，也不要默默地接受越级指令。

越级汇报一直是职场中的大忌。如果你这么做了，那么结果很可能是你没有因为越级汇报而受到大领导的欣赏，反而得罪了你的直接领导。

与领导相处时一定要让对方感受到你对他的尊重和忠诚，这非常重要。

第五个建议是，出了问题，要敢于承担责任，自我反省。

事情办砸了，先别急着推卸责任。像"计算机突然崩溃了""同事不配合"之类的话，在领导听来全都是借口。

在这种情况下，你应该怎么说呢？

你先要承担责任，然后想办法尽力挽救，提出具体的补救方案。

总之，与领导讲话多数情况下是为了汇报工作，所以我重点讲了在汇报工作时如何讲话，至于其他情况下的说话技巧，大家把握住大原则就行。

具体有哪些原则呢？表现出尊重和忠诚，别挑战领导的权威，别乱开玩笑。只要掌握这些，就足以应对了。

2. 如何与同事说话

在职场中，很多人就是因为说错话而被淘汰的。其中，与同级别的同事说话时最容易出问题。

与同事沟通时，我们要注意以下五点。

第一点，别议论其他同事，别说领导坏话。

在职场中，一定要注意自己的言行，不要在背后说别人的坏话，哪怕这个同事和你的关系再好，也不要说，一定要忍住。

第二点，别造谣，别讲没根据的话。

眼见不一定为实，即便亲眼看到一些事情，也不应该妄自猜测，更不应该把你的猜测随意地告诉同事。经过口口相传，你的猜测很容易被添油加醋，变成给当事人造成巨大伤害的谣言。

到那时，你就很难收场了，因为大家都知道这个谣言的源头是你。

第三点，别把属于自己的责任推卸给同事。

工作中出了问题，首先想到的是推卸责任，一开口就是"都是×××的错，不关我的事""这个项目不是我负责的，和我没关系"，如果你这么说了，那么你在同事心里的形象就全毁了。

第四点，别显摆，不要逞口舌之快。

有些人在与同事讲话时，总是有意无意地显摆自己，左一句"我老公又给我买礼物了"，右一句"我昨天去参加了一个聚会，里面都是有钱人"。

这样的人在职场中很不受人待见。天外有天，人外有人，比你条件优越的人大有人在，千万别炫耀。

第五点，不要对同事指手画脚。

即使与平级的同事说话，也要照顾到对方的感受，不要闯进对方的专业领域，指点别人的工作。不要为了在领导面前表现自己，对同事指手画脚。这些都是很令人厌恶的行为。

3. 如何与下属说话

与下属说话时，也有很多注意事项和技巧，我主要讲三点。

第一点，不要摆架子。

有些领导与下属说话时肆无忌惮，还喜欢摆谱，过于强调自己的威严。

例如，有些领导对下属说："小张，你帮我给赵总打个电话，务必请他下午来公司一趟，谈一下合作的事。我说的是务必，听到没有？"

领导要有一定的威严，但没必要随时都摆出一副高高在上的姿态。

虽然领导与下属是上下级关系，但从人格的角度来看，领导与下属是平等的。只有尊重下属，领导才能得到下属的尊重。

第二点，多对下属说一些表扬、鼓励和肯定的话。

多表扬、鼓励和肯定下属，能让下属的工作积极性更高。表扬下属是领导必须做的事情。而且，这样做可以拉近领导与下属之间的距离。

平时要多鼓励下属提出对团队有用的建议。一个让下属不敢提意见的领导，肯定不是好领导。

第三点，控制好自己的情绪，教授比训斥更重要。

在职场中，领导训斥下属是再正常不过的事了。我认为，下属做得不好，领导训斥几句也是应该的，但别光顾着训斥，也应该帮助下属更好地成长。例如，在下属事情做得不到位的情况下，你可以提出建议，必要时给予指导，这样下属才能避免再犯同样的错误。

总之，在职场中，说话时一定要牢记一个口诀：不与上级争锋，不与同级争宠，不与下级争功。

不要与领导正面争锋，让对方下不了台；不要与同级别的同事争宠，最后搞得两败俱伤；不要与下属争功劳，这会让自己显得很小气，难成大事。

高情商说话，最核心的秘诀是善良

情商高的人什么样？

我的朋友松哥给我讲了一个他同事的故事。

在工作对接群里，合作公司的一位伙伴发来了产品报价，松哥的这位同事很快就发现了问题。

他立刻发私信告诉这位伙伴，表里的数据有问题，让他赶紧撤回去。

对方感激不尽，毕竟群里有上司在，谁也不希望自己在工作中犯错，给人留下不好的印象。

松哥说："我这位同事在公司里人缘挺好的，大家私下对他的评价很高，都说他不仅能力强，情商也高。"

我说："那是自然，谁不愿意和没有坏心眼的人在一起呢？"

实际上，一个人的处事方式展现出来的往往不是他的情商，而是他的性格和人品。

高情商的人往往都很善良，懂得照顾别人的感受，为他人着想。

1. 高情商的本质就是善良

近年来，"情商"是一个被频繁提及、很受大家重视的概念，高情商被认为是在职场中获得成功的必备条件之一。

情商和工作能力，哪个更重要呢？

我更倾向于工作能力，但也不否认情商的重要性。很多时候，高情商确实能让我们受益良多。

所以，很多人都希望能够成为高情商的人。

如何提高情商呢？

在回答这个问题之前，我们先来看两个问题。

第一个问题是，我们评价一个人情商高低，最直接的评判标准是什么呢？

其实，评判一个人情商高低的标准只有一个：看他能否让别人感到舒服。

有人说话难听，总是出口伤人，让别人感到难堪、不高兴，我们通常就会说这个人情商太低，不会说话。

有人一开口就令人如沐春风，做的事都让人感到很暖心，我们通常就会说这个人情商很高，会做人、会说话。

一个人在与他人相处的过程中越让别人感到舒服，别人越容易认为他的情商高。

第二个问题是，和什么样的人相处，我们会感觉很舒服？

这个问题的答案有很多，如平易近人、没有架子、脾气好、性格好等，但最主要的评判标准就是善良。

善良的人，不会对你落井下石、不会在你背后捅刀、不会揭你的伤疤、不会对你机关算尽。

和这样的人相处，你会有一种安全感。

你清楚这两个问题的答案之后，也就明白了一个道理：高情商的本质，就是为人善良。

只要明白了这个道理，你就知道应该如何提高自己的情商了，无非就是心存善念，做一个善良的人。

2. 高情商的人，往往具有三个特质

心存善念，为人善良，这是高情商的本质。

从具体的行为来看，高情商的人往往具有三个特质。

第一个特质是，懂得手下留情，给人台阶下。

文章开头的那则小故事，用四个字来概括的话就是"手下留情"。

高情商的人往往不会让别人处于难堪、尴尬的境地之中。

俗话说："得饶人处且饶人。"

不要把事情做绝了，不要把别人逼入绝境，给别人留条活路比赶尽杀绝要好得多。

第二个特质是，懂得尊重，照顾别人的情绪。

高情商的人往往也是深谙人性的人。人性中有一个很原始的欲望，那就是被人尊重。

在人与人相处的过程中，高情商的人往往懂得尊重别人，照顾别人的情绪和面子。

例如，当你指出别人的错误的时候，一定要注意说话的方式和方法，最好不要采用指责和训斥的方式。

因为即使对方接受了，对方心里也会排斥和不舒服，就不会那么积极地解决问题。

第三个特质是，懂得换位思考，为对方着想。

在说话、做事之前，先站在对方的立场思考自己这么说、这么做，对方会不会不高兴，能不能接受。

懂得换位思考，为对方着想，这是高情商的人必备的素养之一，也是一个人提高情商最有效的方法之一。

同时，这也是为人善良的表现。

高情商的人往往都很善良，都有一颗善心，懂得尊重别人，更懂得善待自己、善待万物。

不动声色地夸奖别人的四大技巧

有人问："夸人很难吗？"

应该说，夸人并没有想象中那么简单，并不是说几句好话就可以了。有些人夸人夸不到点子上，还不如不夸。

夸奖别人的最高境界是不动声色地把别人给夸了，毫不牵强。

那么，如何才能高质量、高水平地夸奖别人呢？

在回答这个问题之前，我们先讨论另一个问题：我们为什么要学会夸人呢？

主要有两个原因。

第一个原因是，夸奖别人可以让自身的利益最大化。

我有一位朋友最近迷上了做饭。他之前很少下厨，之所以喜欢上了做饭，是因为有一次他妻子的身体不舒服，他便下厨做了碗红烧肉给他妻子吃。后来，他妻子夸他很有做饭的天赋，红烧肉做得很好吃。

从此，我这位朋友在做饭方面就勤快多了，还主动研究各种菜谱。现在我去他们家吃饭，基本都是他掌勺。

这就是赞美和夸奖的力量。应该说，他妻子是一个很聪明的女人，她通过赞美老公，让两人的关系更融洽，同时还让自己从厨房中解放了出来。

再举个职场中的例子，一位员工将已经完成的工作交给领导审核。聪明的领导往往会先表扬员工一番，说干得不错，然后再提出哪里有问题，需要再修改一下。

如此一来，员工在修改的时候才会更有干劲。

聪明的人往往都善于夸奖别人，这能让他们更好地掌控局面，融洽与别人的关系，顺便将自己的利益最大化。

第二个原因是，夸奖别人可以拉近自己和被夸奖者之间的距离。

再亲密的两个人，也需要通过欣赏和夸奖对方来拉近彼此之间的距离，更何况普通朋友、同事甚至陌生人。

适当的赞美和夸奖会令对方心情愉悦，也是打开双方的心扉和话匣子的金钥匙。

例如，星期一上班的时候，你可以对公司的女同事说："哎哟，两天不见，你变瘦了嘛！"

在正常情况下，女同事听到这样的话是没有抵抗力的，嘴上可能会说你净瞎说，但心里却美滋滋的。

不过，运用这种夸奖技巧的时候也要注意一下。例如，对方最近明显发胖，这时你就不宜称赞对方变瘦了，否则只会适得其反。

所以，夸人也要会夸，这其实是一件很有技术含量的事情。

回到正题，如何才能高质量、高水平地夸奖别人呢？

我认为需要做到以下四点。

1. 夸奖别人要真诚自然，不能张嘴就来

就拿上面的例子来说，人家明显变胖了，你再夸人家变瘦了，会让对方觉得你说话很假。

同理，人家相貌平平，你却夸人家长得好看，这也不太合适，很容易弄巧成拙。

对方相貌一般的话，你可以从其他方面入手，例如：夸对方气质好，才学高，声音好听，皮肤好等。

总之，你要善于发现对方确实好的一方面进行夸奖。

一个人在某个方面表现确实不错的话，在你之前肯定也有别人夸过他，如果你也这么夸他，他就会很受用，就会对你产生一种好感，你们之间的距离就会被拉近。

法国雕塑艺术家罗丹说过："生活中不是缺少美，而是缺少发现美的眼睛。"

所以，你要带着发现美的眼睛去发现别人身上的优点，然后

再夸奖、赞美别人。

2. 夸奖别人要具体到某个细节或者某样东西上

例如，一位女顾客去商场买衣服，导购上前说："您的包真好看，是刚上市的新款吧？"

那位女顾客可能会说："嗯，刚买的。"

这时候，导购如果想继续与那位女顾客套近乎，应该怎么说呢？

导购可以说："这个包的颜色、款式和您的气质很搭。"

女人挎着包去逛街，不管这个包是别人送的，还是自己买的，都肯定是她喜欢的。

导购夸奖包的颜色和款式不错，顺便还夸了女顾客的气质，这会让女顾客觉得导购很会说话，也会对导购产生好感。

接下来，在女顾客选购衣服的过程中，导购可以适当地将店里的衣服与这个包或与女顾客的气质联系起来，这样就能大大地提高销售成功的概率。

夸人最好不要说得很抽象，你说对方很帅，对方会觉得你在说客套话，但你说对方眼睛很好看或者皮肤真好，对方就会觉得你是在真的夸奖他。这种落实到细节的夸奖给人的感觉是不一样的，对方会觉得你观察得很细心。

3. 通过第三方来夸奖别人，或者在背后夸奖别人

间接夸奖往往比直接夸奖的效果更好。

举一个简单的例子。你在聊天中得知对方住在某小区，你早就知道这个小区很不错，此时你可以说："这个小区挺棒的，我有一个朋友也住在这里，他的事业做得很大，看来住在这个小区的人都蛮厉害的。"

这种间接的夸奖，往往会让对方很受用。

不管是在工作中还是在生活中，最好不要在背后议论别人，尤其是说别人的坏话，但有一种话可以讲，那就是夸人的话。

你在与第三方闲聊时说几句夸奖别人的话，当这些话通过第三方传到被夸奖者的耳朵里时，他一定会相信你的夸奖是真诚的，也一定会对你产生信任和好感。

例如，当你路过领导的办公室时，无意间听到领导对其他人说你办事很靠谱，为人也很不错，值得好好培养。你听到后会不会觉得很高兴？

这种喜悦甚至比领导当面夸奖你还要来得强烈。

如果领导当面夸你，那么你可能会认为领导是在说客套话，只是为了让你更努力地工作。如果领导在背后夸你，你就会觉得领导是真的欣赏你。

同样是夸奖，但对当事人来说，这是两种完全不一样的感受。

所以，我们一定要学会通过第三方来夸奖别人。

4. 夸奖别人要"因人制宜"，见什么人说什么话

人的素质有高低之分，年龄有长幼之别，是否接受别人对自己的评价也会因为身份不同、认知不同、层次不同而不同。

例如，赞美年轻人和赞美老人的角度应该是不一样的。

在夸奖别人时，要见什么人说什么话，有针对性地赞美比毫无特色的赞美能收到更好的效果。

和年轻人聊天，你可以说创业很难，不是一般人敢去做的，所以很佩服对方，然后举一些创业成功的案例，给对方更多信心，最后再祝对方一切顺利，这样你们之间的沟通一定会很顺畅。

老人总希望别人记着他当年的业绩与雄风。在与老人交谈时，你可以多称赞对方引以为豪的过去，他一定会很开心，也很愿意向你打开心扉，与你分享更多的经验和心得。

在有针对性地夸奖别人时，一定要记住一点，那就是要真诚地夸奖别人。

总之，在夸奖别人的时候，一定要有事实根据，体现出你的真诚。不然，你就算学了再多的夸人技巧，恐怕也只会弄巧成拙。

如何不得罪人地拒绝别人

最近，我的朋友老李遇到一件麻烦事。

老李是一家公司的部门主管，前阵子他回家看望父母时遇到了他的发小，他们两人小时候感情特别好。

发小在与老李聊天时得知老李所在的公司与自己儿子所学的专业对口，正巧自己的儿子正在找实习单位，所以就很自然地问老李能不能帮忙自己的儿子进公司里去实习。

老李所在的公司待遇不错，老李在城里买房买车的，发小自然也想让自己的儿子进入这家公司工作。

老李问发小："你儿子什么学历？"

一听发小说是专科，老李就有点挠头了，因为他们公司现在实习生的门槛都是本科以上学历。

老李是技术出身，说话比较耿直，当场就说不好办，他们公司的实习生都是本科以上学历的，这个忙实在帮不上。

老李说完这句话就后悔了，因为发小的脸色有些难看，挺尴尬的。

对方心里可能会想："不帮忙就不帮忙吧，还拿学历卡人，我不信你们公司里没有大专学历的人。"

不了解情况的人肯定会想，那么大的公司，难道就没有大专生能胜任的工作吗？

在生活中，我们总会遇到别人请求自己帮忙的时候，而大多数人往往都不太懂得如何拒绝别人。

碍于情面，答应帮忙，自己就会很难受，上不去也下不来；可要是一口回绝，又容易得罪人。万一对方有一颗玻璃心，他很可能会胡思乱想，过度揣测。

更糟心的是，做老好人的结局并没有想象中的那么好，很多时候都是吃力不讨好。

正所谓"斗米养恩，担米养仇"，有些人是不懂得感恩的。你帮他十次，他不会和你说一声谢谢，认为这是理所当然的；但只要你在第十一次拒绝了他，你就成了他嘴里的"坏人"。

在公司里，越是老实人，做的工作越多，明明不是他的工作，但因为不懂得拒绝别人，就只能整天忙忙碌碌。

不懂得拒绝别人的人，往往都活得比较累！

拒绝别人真的是一件挺麻烦的事情。那么，如何优雅、体面、不得罪人地拒绝别人呢？

我们可以从四个方面入手。

1. 不管能否帮上忙，态度都要真诚

很多时候，让人生气、得罪人的并不是因为你拒绝他，而是你在拒绝他时的态度、语气和方式。

有些人自以为情商很高，遇到不想帮忙的人和事，不会直接拒绝对方，而是采取迂回策略，先答应下来，然后再找借口推脱。

例如，朋友周末需要请你帮忙，你先答应下来，然后等到星期五或周末再和朋友讲"不好意思，我也想去，不过临时有事去不了"。

这种拒绝别人的方法有时能奏效，但是次数多了，别人就知道这是你的套路。而且，如果对方回复你说"没关系，我延后了，下周末再请你帮忙"，那么到下周末你还要找借口推脱吗？这就是一个很棘手的问题了。

所以，我们在拒绝别人时态度一定要真诚，不能帮就不能帮，不要玩什么套路，因为你撒一个谎，接下来就要用很多的谎来圆这个谎。这很累，也很容易被别人戳穿。

如果你确实不想帮忙，或者实在帮不上忙，就果断地拒绝别人。

2. 拒绝别人时的态度要强硬，但语气要委婉

拒绝别人时的态度要强硬，直截了当地拒绝。

但是，拒绝别人时的语气要委婉，这一点很重要。

别人请你帮忙，是有求于你，不管你是否决定帮助对方，都要尊重对方。

《红楼梦》里有一段是刘姥姥找王熙凤帮忙的情节。

刘姥姥家里穷得揭不开锅了，便寻思着来贾府向远房亲戚借钱过冬。

王熙凤虽然从未和刘姥姥见过面，而且刘姥姥又是一个穷亲戚，但她并没有对她不理不睬，而是让人请她进来见面，态度也极其随和，没有半点架子。

实际上，王熙凤已经做到这种程度了，就算没有借钱给刘姥姥，刘姥姥也不会因此生气。借到钱了是大欢喜，即使借不到钱，至少从情感上来讲，刘姥姥也不会有太大的失落，毕竟人家对自己也是客客气气的。

王熙凤到底有没有借钱给刘姥姥呢？

借了，她帮了这个忙，但却极有手段。她先向刘姥姥诉苦，说贾府看着光鲜，其实日子也不好过，说得合情合理，连刘姥姥自己都打起了退堂鼓。

不过，王熙凤话锋一转，说刘姥姥是自家亲戚，既然开了口，怎能不帮。她让人取二十两银子给刘姥姥，刘姥姥激动地差点跳起来，因为她本来已经不指望能借到钱了。

从王熙凤应对刘姥姥上门借钱这件事可以看出，即便是拒绝别人，语气也要委婉，别把事情做得太绝。

3. 要有合理的拒绝理由

得罪人的往往不是拒绝本身，而是拒绝的理由不充分、不合理，这才是使对方不快的原因。对方会认为你在推脱，不想帮他的忙。

那么，什么样的拒绝理由才算是合理的呢？

拒绝别人的请求，主要有三个方面的原因：一是能力不够，二是精力有限，三是没有时间。这三个原因都属于客观因素，别人比较容易理解。

（1）力不能及，但不可过分贬低自己。

有个词叫"爱莫能助"，以能力不够、有心无力为由拒绝别人的请求，这是很常见的一种拒绝别人的方式。不过，有些人用力过猛，过于贬低自己，这就很容易让他人产生误解，让他人误以为你根本就不想帮忙。

（2）精力有限，最好能向对方展示证据。

以精力有限为由拒绝别人的请求，这也是一种很常见的拒绝别人的方式。

熟悉我的人都知道，我的文章写得不错，所以常有人来找我帮忙写文章，例如：朋友开店，便找我帮忙写推广文案，用于发朋友圈；朋友做编辑，刚进公司，想在老板面前表现一番，便找我帮他列提纲和思路……这些情况我都遇到过。

有时候，我真的是忙得不可开交，没有精力去帮他们，但朋友找我，我不帮忙又不合适，所以我会直接给他们发聊天记录截图，如出版社催我交稿，客户要求我立即改稿。

如果你在拒绝别人的请求时能展示你真的没有过多精力的证据，那么对方一定能够理解。

（3）没有时间，给出期限。

以没有时间为由拒绝别人的请求有时候不太容易，因为对方可能会说："你不会一直没时间吧？"

在这种情况下，你最好主动给出一个期限或安排，让对方认为你确实想帮他，但你真的没时间。

4. 适当补偿，给对方想办法，给自己找退路

有时候，直接拒绝别人或一点忙也不帮不太合适，此时你要做出适当的补偿。

上面讲的王熙凤借钱给刘姥姥的事情，就是很典型的例子。王熙凤先降低刘姥姥的期望，然后再适当地进行补偿，这是一种比较好的办法。

很多年前，有一个远房亲戚找我借钱，数额不大，就几千元，但我知道这钱借出去就肯定收回不来了，而且我当时刚工作，身上没有什么钱。

所以，我拒绝了他。后来，我说毕竟是亲戚，既然开了口，不借也不合适，最后借给了他 500 元。

在拒绝别人的时候，你可以根据你和对方的关系，以及对方请你帮的忙的难易程度，适当地帮助对方想办法解决问题，这种补偿其实也是在给自己找退路。

不要担心因为拒绝别人的请求而得罪对方，只要你拒绝的方式得体，大多数时候别人都会理解的。

不过，别指望所有人都对你满意，这根本不现实。在人际交往的过程中，能处理好大部分关系已经很不错了。

第六章

管理破局

一个人走得快，一群人走得远

格局小的管理者，往往结局并不好

在《三国演义》的各路诸侯里面，最令人惋惜的是袁绍。

从资历和家世来讲，袁绍出身于官宦世家，四世三公。"汝南袁氏"是当时的大家族之一，门生故吏遍布天下。

袁绍二十岁时被举孝廉，当时他是一个有梦想、有抱负的热血青年。母亲病故之后，父亲又离世，袁绍前后服孝六年。之后朝廷请他出来，但他拒绝了邀请，到洛阳隐居了。

说是隐居不问世事，但他暗地里结交了不少有识之士。当时，宦官当权，这些人多是反对宦官的人，其中就包括曹操和许攸。

后来，袁绍还是进入了官场。大将军何进和十常侍火并以后，董卓趁机攻入京城，成了京城之主。

袁绍转身成了十八路诸侯讨伐董卓的盟主，占据河北四州。当时的袁绍，与各路诸侯相比，无论在哪个方面，都占据巨大的优势。

可惜，袁绍最终惨淡收场，原因就是他没有扮演好老板的角色，导致人才纷纷离他而去。

袁绍之败，败于其格局小。

1. 那些离开袁绍的谋臣

论家世、资质、实力，袁绍的优势都非常明显。正所谓"良禽择木而栖"，各路人才纷纷前来投靠效力。

这就是大公司的魅力，人才济济，而且不断地有人才涌进来。

不管哪个时代，最后拼的其实都是人才，武将冲锋杀敌，谋臣运筹帷幄。袁绍失去了几位核心的谋臣，所以才会一败涂地。

第一位核心的谋臣就是荀彧。

荀彧是曹操最得力的左膀右臂，为曹操推荐人才，出谋划策，坐镇后方，业绩斐然。

荀彧原本是跟随袁绍的，后来发现袁绍这个人不足以成大事，便毅然离开，另寻明主，后来投靠了曹操。

曹操将荀彧比作刘邦身边的张良，这足以说明荀彧的才能有多出众。

第二个人就是郭嘉。

郭嘉在曹操和袁绍的生死之战——官渡之战中发挥了巨大的作用，他的《十胜十败论》令动荡的曹营稳定了下来，曹操也坚定了同袁绍大战的决心。

郭嘉在曹操身边一待就是十一年，帮助曹操擒吕布、灭袁绍、定乌桓，屡次献出奇谋妙计，立下汗马功劳。

只可惜天妒英才，郭嘉死得早，不然曹操的人生说不定会更辉煌。

郭嘉曾经也在袁绍处谋职。经过一段时间的相处，郭嘉认为袁绍不擅用人，好谋而无断，很难成就大业。

郭嘉离开袁绍的原因与荀彧如出一辙。

第三个人就是许攸。

许攸在官渡之战中同样帮助曹操对袁绍发出了致命一击。

许攸离开袁绍的原因比较复杂，他的侄子贪污，有人说许攸也必定参与了贪污，袁绍便失去了对许攸的信任。

此时正值战事吃紧，许攸向袁绍献计，但袁绍却认为许攸与曹操暗中勾结，不愿意采纳他的计策。

许攸转身便投靠了曹操，并献计奇袭袁绍的粮草大营，直接导致袁绍惨败。

2. 那些离开袁绍的武将

很多人也许不知道，吕布也曾经投靠过袁绍。

吕布在走投无路的时候投奔袁术，考虑到吕布的过去，袁术没敢收他。但袁绍的胆子大，收了这只猛虎。

袁绍利用吕布超强的战斗力，将盘踞在常山一代的张燕势力剿灭。

但是，袁绍的性格限制了他与吕布之间的关系的发展。在吕布想要增加自己部下的兵马时，袁绍心生忌惮。

吕布也觉察到了这一点，便带着自己的人马离开了袁绍。

对吕布这样的人，要恩威并用，要懂得管理和驾驭，否则他肯定待不久。又想利用人家的能力打天下，又不想给高薪，还处处提防，这样的合作关系势必难以维系。

再说说张郃。张郃是"河北四庭柱"之一。他帮助曹操攻乌桓、破马超、降张鲁，多次抵御诸葛亮北伐，在定军山有序撤军，在街亭获得大捷。他是曹操十分欣赏的一员虎将。

同样，张郃也曾在袁绍手下，并且为袁绍击败公孙瓒出了不少力。在官渡之战时，张郃遭奸人诬告，袁绍信以为真。无奈之下，张郃只好投靠曹操。

大将高览与张郃的出走经历十分相似，他也是"河北四庭柱"之一。在官渡之战时，他与张郃一起攻打曹操，结果没能攻下来。

此时，曹操听了许攸的计策，奇袭袁绍粮草大营乌巢成功，提出这个作战计划的郭图为了给自己开脱，向袁绍进谗言，袁绍信以为真。高览一气之下也投靠了曹操。

官渡之战是袁绍和曹操的人生重大转折点。在这场生死战中，强大的袁绍被曹操打败了。

试想，如果郭嘉和荀彧没有投靠曹营，还在袁绍那里；如果没有许攸的阵前倒戈，曹操的赢面有多大？

恐怕要打一个大大的问号。

格局决定结局，格局越小，结局往往越不好。

袁绍本来手握一副赢面很大的牌，但可惜他的格局太小，手下人才纷纷出走，最终被实力远逊于自己的曹操所灭，实在令人唏嘘不已。

优秀管理者必备的五人特质

袁绍败在他不是一名合格的管理者。那么，什么样的管理者才算是合格的呢？

郭嘉曾在官渡之战前夕写过一篇文章，名为《十胜十败论》。该文称赞曹操是一位难得的好领导，并总结了十条此战必胜的理由。

1. 郭嘉的《十胜十败论》

官渡之战是曹操军旅生涯的一次重要转折点，也是他赢得颇为漂亮的一场战役。

其实，在开打之前，曹操自己心里也虚，毕竟兵力悬殊太大，曹营里人心浮动。郭嘉的《十胜十败论》出现得颇为及时，稳定了军心。

郭嘉首先比较了刘邦和项羽两人，刘邦除了智商比项羽高，其他都不如项羽，但最终依然把项羽逼到乌江自刎，创立了大汉王朝。

接着，郭嘉提出了曹操强于袁绍的十个方面，字字珠玑。

袁绍礼仪太多，曹操自然得体，这是道胜。

袁绍以反叛力量争夺天下，而曹操则以复兴汉室来统帅天下，这是义胜。

汉亡于对待豪强过于宽纵，袁绍以宽治宽，不能整饬危局；而曹操拨乱反正，以严治政，全军上下都依法行事，这是治胜。

袁绍表面宽宏大量，实则多疑，任人唯亲；而曹操任人唯才，用人不疑，这是度量胜。

袁绍谋多断少，执行很慢，而曹操当机立断，这是谋略胜。

袁绍喜欢吹捧之徒，沽名钓誉；而曹操以诚待人，不为虚荣，这是道德胜。

袁绍看见别人受冻挨饿，只是感到悲伤，却不会深入思考其中的原因，只是妇人之仁；而曹操则能以小见大，继而想出办法解决，这是仁胜。

袁绍的手下争权夺势，而曹操则以道德和制度管理下属，这是智胜。

袁绍不辨是非，曹操用礼推行正确的事物，用律法纠正错误，这是文胜。

袁绍善虚张声势，不知兵法；而曹操擅长以少胜多，用兵如神，士兵信赖，这是武胜。

因为上述十点原因，郭嘉断言曹操一定可以打败袁绍。

这十点原因也充分说明了在管理方面，在团队建设方面，以及在带团队能力上，曹操全部胜过袁绍，是一位优秀的管理者。

2. 优秀管理者的五大特质

放眼今天的职场，真正优秀的、值得跟随的管理者身上都有五大特质。

（1）画大饼。

一位优秀的管理者可以不是一位演说家，但一定要懂得画大饼。

画大饼的意义在于，让跟随他的员工知道正在做的这件事有什么意义，要么是梦想，要么是挣钱，最牛的当然是既能实现梦想还能顺便把钱赚了；同时，让员工明白自己在团队中的位置和可能达到的高度。

如果管理者总是让下属两眼一抹黑地往前走，那么下属的工作积极性就会降低，甚至很可能离职。

曹操就为下属规划了一幅很好的蓝图——匡扶汉室，拯救万民。因此，很多有志向的人都来投奔他。

（2）能让下属吃肉。

优秀的管理者不仅要会画大饼，而且要有把大饼做出来以后拿出来与大家分享的胸怀。

很多管理者在平日向下属做出各种承诺，但基本上都没能实现，这样的团队注定走不远，这是由管理者的格局决定的。

曹操在奖励下属的时候从不吝啬，功劳越大，赏赐越多。

（3）赏罚分明，公平公正。

董明珠说，管理者是没有朋友的。

这是因为，好的管理者一定要公平公正，不能跟着感情走。如果谁和管理者关系好，管理者就偏向谁，那么这样的团队的凝聚力和战斗力肯定不强。

曹操从不计较这个人和自己的关系怎么样。贾诩助张绣杀了曹操的儿子，但曹操一样重用贾诩，真正做到了对事不对人。一场仗打下来，谁有什么功劳，他会在众人面前大方地讲出来，并给予奖励。

这样做有两个好处：一是能让受赏的人继续保持奋斗的激情；二是可以激励其他人，激发他们的潜能。

（4）胸怀宽广，肚量大。

在官渡之战前夕，曹营人心惶惶，不少人与袁绍方面取得了联系，做好了跳槽的准备。

官渡之战结束后，曹操当众销毁了截获的这些书信，一封信都没拆开看，这让下属们感激涕零，被曹操的肚量所折服。

曹操征乌桓，遭到很多人的反对，认为他不会取胜，但曹操还是听了郭嘉的建议，冒险去了，结果胜利归来。他并没有嘲讽或责怪当初反对他出兵的人，反而给他们发了奖赏。

曹操说，你们说的是对的，这场仗我能打赢全凭运气，所以你们下次还要一如既往地说实话，多提宝贵建议。

这体现了一位优秀管理者的胸怀。如果管理者总是和下属斤斤计较，那么出了问题时团队成员就会互相推诿，无法形成凝聚力。

（5）重视人才，懂得驾驭人才。

真正优秀的管理者一定知道人才是团队的核心竞争力，是团队最重要的资产。

官渡之战前夕，许攸前来投奔曹操，曹操激动地连鞋子都来不及穿上就跑出来相迎。

赤壁之战，曹操惨败。在逃亡的路上，他看到许褚大哭，便对他说，士兵没有了我再给你拨，你活着回来才是我最关心的。

人都是有感情的，有时候一起奋斗的过程中培养出来的感情比奖赏更能打动人心。

兵熊熊一个，将熊熊一窝。我觉得在三十岁之前，进入一家大公司不如跟着一位好老板，即使他现在仍处于创业阶段，只要他身上具备这些特质，他就值得你跟随。

跟对人，做对事，这很重要！

好的公司都在富养员工

华为创始人任正非有一句名言："钱给多了，不是人才也会变成人才。"

这句话说的其实是富养员工的问题。

在格力"2018 再起航"盛典上，董明珠的一番表态让几万人的现场欢呼雀跃。铁娘子霸气承诺，只要是格力人，她保证，她也承诺，一人一套房。

在富养员工这方面，董明珠是出了名的。

在 2016 年年底，格力给全体员工加了 1000 元的工资；在今年年初，格力再次宣布给入职满 3 个月的员工加薪，差不多每个月也加了 1000 元；格力还曾给每位员工发过一部格力手机。

董明珠曾说过，不要等员工来要求涨工资，要主动为他们加工资，而且要超越员工的期望。

公司对员工的态度往往体现了这家公司的格局和良心。一家好公司，往往都会富养自己的员工。

1. 富养员工的能力和价值

格力为什么会提出"分房"？

感性地讲，公司希望每一位员工可以过得幸福。理性地讲，公司希望用房子留住人才。

董明珠曾多次公开谈到，格力人才被挖走的速度已经超过了格力培养人才的速度。在 2014 年，格力就有 600 多名技术人员被挖走。

格力的员工在市场上很抢手，只要把简历放在网上，立马会有公司找上门，而且开出的待遇至少比现在要高一倍。

这说明了格力的员工很有价值。

你很难说是平台成就了员工，还是员工成就了平台，但好的平台肯定可以让员工的能力得到提高，身价得到提升，态度得到塑造。

董明珠曾说，看到员工身上的问题并告之，这是管理者真正的柔情；看到员工身上的问题装作没看到，这是管理者不负责任的表现。

如果管理者有这样的认知，那么在这样的平台里历练过的员工很难不优秀。

真正的好公司至少满足两个条件：一是能学到东西，二是能挣到钱。

能满足其中一个条件，就可以算是不错的公司了。如果两个条件都能满足，那么请你好好珍惜这家公司。

从侧面来讲，如果你能在目前这家公司学到东西，即使眼下工资低一些也无所谓；如果你学不到东西，工资又不高，那么你应该果断地离开这家公司。

经常有读者问我一些关于是否应该离职的问题，上面的一段话就是我给出的回答。

2. 富养员工的钱包

有人会问，一人一套房，格力有八万多名员工，这得多大一笔钱啊，这应该是董明珠画的一块大饼吧，日后很可能成空头支票。

实际上，在 2017 年的 2 月，董明珠就表态要给员工送房子，如今再次提起显然已经有了梦想落地的声音。

从之前的涨薪再到如今的送房子，董明珠说到并做到了，这是一位管理者的最基本的素养，也体现了一家公司的担当。

董明珠曾说，员工在创造价值的时候，企业家不会让这些创造价值的人喝稀饭。

可惜的是，很多管理者正是这样的人，他们虽然为员工画了很大的饼，也做出了很诱人的承诺，但总是不兑现，这样的管理者的格局太小。

不给马吃草，再忠诚的马也会因为体力不支而倒下。同样的道理，员工没有肉吃，谁还有精力好好工作，为公司创造价值呢？

画大饼的管理者可能是一位合格的管理者，因为他正在规划大家的未来，能让你看到希望；而能带你吃肉的管理者，则一定是一位优秀的管理者。

富养员工的钱包，不克扣员工的待遇，这样的公司更有战斗力和凝聚力，也能走得更远。

值得一提的是，所有富养员工的公司都是挣到钱的公司，如果员工不好好工作，公司挣不到钱，那么公司拿什么发薪水呢？

所以，职场中最应该出现的画面是，管理者和员工同在一条船上。管理者负责掌舵，员工努力划船，大家一起经历风雨，一起吃肉喝酒，到达彼岸。

好好工作是员工最基本的素养，而富养员工则体现了一家公司的实力和担当。

聪明的管理者会让员工做自己擅长的事

在经济学中有一个木桶理论。简单地说，就是一个木桶能装多少水不取决于最长的那块木板，而取决于最短的那块木板。我们也可以称之为"短板效应"。

这个理论告诉我们，一个人的发展往往受限于自身的缺点或短板。

例如，你能力很强，但脾气很差，那么坏脾气就是你的短板，你很可能因此而错过很多机会，始终庸庸碌碌。

所以，人要取长补短，不断提升自己，改进自己的不足。

但是，我们要学会辩证地看待问题。

例如，《三国演义》中的刘备就用实际行动和成功的事业告诉我们，通过自我提升来改进自己的不足并不是获得成功的唯一途径。

1. 刘备的补短之法

刘备的短板是什么呢？

作为一名创业者，刘备的短板特别明显。说句不好听的，要钱没钱，文不能运筹帷幄，武不能冲锋杀敌。

但他很聪明，他擅长借助别人的长处来弥补自己的短处。说白了，他天生就是当老板的料。

刘备算不上好的武将，但他找到了关羽、张飞这两位日后叱咤战场的顶级猛将，三人义结金兰，吃睡都在一起。

有了关羽、张飞的助力，刘备在江湖上就有了一席之地，渐渐打出了名堂。

但是，刘、关、张三人起兵二十多年，虽没被灭掉，但却一直没有实质性的突破，长期处于风雨飘摇、四处游荡的尴尬境地。

这是因为他们谋略不行，总吃败仗。几个猛将虽然能打，但双拳难敌四手，打仗不能仅靠武力，更要靠谋略。

可以说，这是当时刘备整个团队的一大短板。于是，到了荆州之后，兄弟三人便三顾茅庐，请来了诸葛亮。

实际上，关羽和张飞二人起初想不明白，为什么他们兄弟三人在江湖上闯荡已久，已经有了地位和名望，却要向比自己小近二十岁的晚辈卑躬屈膝。

刘备在这方面的觉悟要比关羽和张飞高得多。他很清楚得到诸葛亮这样的人有多重要，这也是刘备能成事的主要原因。

事实证明，从诸葛亮加入开始，刘备的团队才真正开始向上走，稳扎稳打，逐渐有了稳定的根据地，盘子越做越大。

2. 聪明人会将擅长之事做到极致

人有时候应该学会与自己和解，接纳不完美的自己，接受自己的短板，不要勉强自己做不擅长的事。

刘备不擅长冲锋陷阵，他即使天天苦练，也很难达到张飞的水平；刘备也不擅长谋略，折腾了二十年仍没有大的突破，这就是最好的证明。

但是，他擅长管理和沟通，擅长驾驭人心，擅长控制情绪，擅长当一位领导者。事实证明，刘备的确是一位优秀的领袖。

这说明了什么？

这说明每个人都有自己的价值。有些人看似一无是处，但身上总有一些闪光的地方。所以，别小看任何一个人，包括自己。

在这个时代，一个人往往是很难成事的，你必须要有一个团队，大家抱团取暖，携手同行。

而这个团队的架构，往往决定了你们能走多远。

就像刘备的团队一样，领袖、冲锋陷阵的将才、运筹帷幄的军师，一样都不能缺，缺一样就很难成事。

我并不是建议大家要花大量的时间和精力去弥补自己的短

板。很多时候，天赋这个东西是客观存在的。例如，你吃得再多，身高也难以超过姚明，这几乎是无法改变的事实。

我们应该做的是，找到自己所擅长的，然后将自己擅长做的事做到极致。在团队中，每个人各司其职，在各自擅长的方面发光发热，这样的团队才能变得更强大。

对一个人来讲，知道自己擅长什么比不擅长什么更重要。很多人走着走着就把自己搞丢了，随波逐流，身心俱疲，难以发挥自己真正的实力。

别贪心，别指望自己多博学多才，把你擅长做的事，哪怕就只有一件事，做到极致就好，不管是在公司里，还是在团队里，都会有你的一席之地。

同样的道理，作为管理者，最明智的用人之道就是让每位员工做他们最擅长的事，不要总想着将他们培养成全能型人才。所谓"全能"，在很多时候与平庸没有本质上的区别。

最好的管理是管理者以身作则

华为一直以来给人的印象是敢打敢拼。

这与华为掌舵人任正非说一不二、雷厉风行的性格有关。

2018 年，一则华为掌门人任正非自罚 100 万元的消息不胫而走。

后来有华为员工证实，这则消息不是谣传，而且受罚的不仅有任正非，其他几位轮值 CEO 都被罚了款。

郭平罚款 50 万元，徐直军罚款 50 万元，胡厚崑罚款 50 万元，李杰罚款 50 万元。

很多人感叹，华为真是业界的一朵奇葩，什么事都可能发生。

这些人被罚款的原因是"部分经营单位发生了经营质量事故和业务造假行为"，华为公司决定向主要负责领导问责。

先不谈具体的原因，就看看这些人做了错事之后的态度，华为绝对称得上是业界的榜样，掌门人任正非的管理风格让我想起了《三国演义》中的曹操。

天子犯法，与庶民同罪。领导犯错，也要按制度接受惩罚。

1. 曹操割发代首

曹操很注重对团队的管理，令行禁止，雷厉风行，只要下达了命令，谁敢违抗，一律严惩不贷。

有一年，在麦子成熟的季节，曹操率领大军出征。沿途的老百姓惧怕士兵，都躲了起来，没人敢出来收割麦子。

曹操知道这个情况后，便颁布公告称，他奉旨出兵讨伐逆贼，为民除害，现在麦子成熟了，大家应该赶紧回家收割麦子，若有士兵敢践踏麦田，立即斩首示众。

曹操下达命令以后，士兵们都不敢靠近麦田半步，每次经过麦田的时候都特别小心。

曹操的士兵路过麦田时都下马用手扶着麦秆，小心地走过麦田，没有一个人敢践踏麦田。老百姓看见了，没有不称颂的。

有一次，曹操骑马经过麦田，忽然田里飞起一只鸟，惊吓了他的马，这匹马一下子蹿到田地里狂奔，踏坏了一大片麦田。

曹操便立即叫来随行的官员，要求治自己践踏麦田的罪。

官员说，怎么能给丞相治罪呢？

曹操说，他亲口说的话他自己都不遵守，还有谁会心甘情愿地遵守呢？一个不守信用的人，怎么能统领成千上万的士兵呢？

随即，曹操抽出腰间的佩剑要自刎，众人连忙拦住。

最后，在众人的劝阻下，曹操想到还有大业未成，便挥剑割断了自己的一把头发，以示惩戒。

在古代，人们认为身体发肤，授之父母，曹操能够割发代首，严于律己，已经十分难得了。

2. 管理的核心是以身作则

不管是今天的任正非，还是《三国演义》中的曹操，一位严于律己、能够做出表率的管理者所带领的团队肯定是很厉害的。

曹操的管理能力毋庸置疑，手下一帮文臣武将对他百般拥护和忠诚。

这是为什么呢？

因为曹操能够做到两点：赏罚分明，严于律己。

曹操出手十分大方，只要手下人有实力，就会重赏他。

曹操打完仗，会将获得的金银珠宝等战利品赏赐给那些冲锋陷阵的将士们，这些将士们下次打仗时会更勇猛。

任正非则说："钱给多了，不是人才也会变成人才。"

在严于律己、以身作则方面，曹操和任正非都做出了表率，这也给今天很多的管理者上了一课：任何时候，不管是谁，都要严格遵守制度，谁都不能凌驾于制度之上。

有制度才能有铁军，有铁军才能有更强的战斗力。

有能耐并不意味着有领导能力

四大名著之一的《西游记》陪伴着我们度过了童年。

唐僧师徒四人，性格迥异，能力也不同。小时候我在看《西游记》时，有一个问题一直想不明白。

孙悟空神通广大，翻一个筋头十万八千里，能腾云驾雾，会七十二变，大闹天宫，搅得天庭鸡犬不宁。而唐僧手无缚鸡之力，手不能提，肩不能抗。他凭什么带领整个团队呢？

长大后我才逐渐明白，有能耐并不意味着有领导能力。

手无缚鸡之力的唐僧就是典型的例子，他虽然不能降妖除魔，但他身上有其他人所没有的特质。

1. 拥有坚定的梦想和明确的目标

在《西游记》中，唐僧从一开始就有明确的目标，那就是去往西天取经，普度众生。

别人问他从哪里来，唐僧总会自报家门："贫僧从东土大唐而来，去往西天拜佛求经。"

一路上经历了九九八十一难，唐僧都未曾放弃过。孙悟空生气了就回到花果山；猪八戒一遇到问题要吵着要散伙，要回高老庄；沙僧也有他的泥沙河；只有唐僧，始终意志坚定，心里只有梦想和目标。

如果没有唐僧，他们根本就取不到真经，早就散伙了。

作为团队的领军人物，必须时刻知道脚下的路通往何处，这样才能让大家的劲往一处使。

境界高的管理者能让员工在工作中实现职业理想，这能最大限度地激发员工的工作热情。一家企业，无论规模大小，如果每个人都拥有相同的职业理想，那么所有人的热情与创造力一定会最大限度地爆发出来。

我经常说，现在的领导不好做，员工不开心了就撂担子走人，领导却不可以。所以，如果你想成为一位好领导，想自己创业，那么一定要做好心理准备。

2. 懂得恩威并施，知人善任

孙悟空战斗力非常强，可以算得上是整个团队里的业务骨干。

孙悟空是整个团队里业务能力最强的人，各路妖怪都能被他降服。

可是，孙悟空野性难驯，自由不羁。观音菩萨特意给他戴了紧箍咒，来帮助唐僧控制孙悟空。

唐僧初见孙悟空时，见他身上没穿衣服，就在灯下一针一线给他缝制衣服。

后来，孙悟空棒打白骨精，唐僧误以为他伤人性命，在大是大非面前，才念紧箍咒惩罚他。

恩威并济，这才是一位管理者应该有的风范。领导者要以情动人，以理服人。

唐僧知人善任，合理分配工作，给予团队成员自由发挥的空间，又有一定的底线。

三个徒弟性格迥异，唐僧能够根据他们的特长和能力为他们分配工作。

3. 懂得目标管理

作为团队管理者，要能为团队设定目标，为团队成员描绘未来的蓝图。

管理者如果不能根据自身的实际情况制定目标，那么团队就没有明确的方向，团队士气就会大大降低。

我们常常说领导力，所谓"领导力"，就是管理者不仅要会带领团队，还要将团队引向正确的方向。

许多企业的管理者会下命令，会给指标，但常常忘记为下属指明方向。在这种情况下，员工完成任务的效果可能不尽如人意，甚至还会出现南辕北辙的情况。

一位优秀的管理者更像一位导游，他要带领员工沿着既定的方向到达目的地。

《孙子兵法》有云："上下同，欲者胜。"这句话的意思是说管理者不仅要有方向、有目标，还要对内统一思想，让团队成员认同这个思想。

在《西游记》中，唐僧一开始就为整个团队设定了去往西天取经的目标，而且不管经历什么波折，他始终不忘初心。

企业的管理者是企业文化的传承者和传播者。企业的管理者只有坚定不移地信奉企业文化，并以身作则，才能带领团队更好地实现目标。

4. 过硬的人际关系

《西游记》中的唐僧为人正直，待人谦逊，在去往西方取经之时，大唐皇帝亲自送行，并与之结为兄弟。但他不骄不傲，不论是村野乡夫，还是女儿国国王，他始终保持对人尊重，以慈悲为怀，所以一路上有很多人出手相助。

社会是由不同的人构成的，也是由人创造了物质与财富。管理者要懂得经营人际关系，有贵人相助是人生幸事。

你敬我一尺，我敬你一丈，人际关系本来就应该如此。一家企业要想有所成长，管理者就不能太过恃才傲物，目空一切，树敌太多。唐僧为人谦逊，心慈仁厚，一不苛刻员工，二有外部的支持。

这就是为什么唐僧能带领三个徒弟取到真经。唐僧用自己的实力证明了，业务能力不强的人一样可以当优秀的管理者。

格局决定结局，拒绝没有格局的人生

格局决定结局，此话并非虚言。

某日，我与几位朋友小聚，听到两件事。

我先讲第一件事。朋友老梁有一位同事，能力不错，同他一起进公司的人差不多都升职了，只有他仍在原地踏步，原因是老板不喜欢他。

为什么老板不喜欢他呢？老梁的这位同事有个毛病，就是爱占便宜。

例如，出门打车花 30 元，他报销 35 元；出去吃饭花 50 元，他报销 70 元，有些因为自己的私事而产生的费用，他也想尽办法在公司报销。

因为数目不大，老板就没追究，但对他没了好感是肯定的，所以一直没有重用他。

我再讲第二件事。朋友飞哥月底就要离职了，已经提交了辞职报告，下家也已经找到了。

实际上，他们公司这两年走了不少老员工。这些人的出走令公司的竞争力骤降，业务量大不如从前。

为什么老员工接二连三地离开公司呢？

员工离职往往是因为待遇问题，飞哥的公司也是如此。老板承诺的一些东西总是迟迟不兑现，员工们便一个个萌生去意。

不管是老梁的同事，还是飞哥的老板，问题其实都出在格局上。格局小，最后因小失大。

做人做事，格局太小，往往会错失很多。

格局小的人，通常会有三种表现。

1. 目光短浅，斤斤计较

我曾看过这样一则故事。

有记者问李泽楷："你的父亲李嘉诚究竟教会了你怎样的赚钱秘诀呢？"

李泽楷说："父亲从没告诉我赚钱的方法，只教了我们一些做人处世的道理。父亲叮嘱过，你和别人合作，假如你拿七分合理，八分也可以，那么我们李家拿六分就可以了。"

这则故事的真实性暂且不论，但其中的道理是对的。

真正会做生意的人，往往看起来都不太精明。

做生意时太过精明的人，总是想办法多吃多占的人，生意反而做不大，也很难做得长久。

这种人的问题，就出在格局上。

格局太小的人，一般都目光短浅，只顾眼前的利益，不为长远考虑。

有人为了节省成本，在产品上偷工减料；有人为了多挣钱，在售卖时缺斤少两；有人为了多几百元薪资而跳槽，却不考虑晋升和成长空间。

这些都是一个人格局小的表现，这些人注定走不远。

很多时候，赢得眼前的胜利不算赢，能赢得未来才是真正的赢家。

2. 容易情绪化，不计后果

格局小的人，往往容易情绪化，做事不计后果，容易在不必要的事上纠缠不清，也接受不了失败。

我给大家讲一个正面的案例。

帮助刘邦平定天下的大将军韩信在年轻时挺落魄的。有一次，韩信走在街头，被一个年轻的屠夫给拦住了，这个人平日就瞧不上韩信。

他对韩信说，如果你不怕死，那么你就拿刀杀了我；不然，你就从我的胯下爬过去。

大家常说的"胯下之辱"讲的就是这件事，韩信真的从这个人的胯下爬了过去。

试想，如果韩信一怒之下杀了这个人，那么他日后就不可能成为大将军，早就吃牢饭了。

在职场中，很多人都有一颗玻璃心，特别脆弱，也特别容易情绪失控。

被上司批评了几句，就怨声载道，工作提不起劲；同事们没叫上自己一起吃饭，就感觉被同事孤立了，想要离开。

我们常说，要做情绪稳定的成年人，这句话其实就是说要做格局大的人。

格局大的人，更懂得权衡利弊，更知道轻重缓急。

3. 胆小怕事，畏首畏尾

有人曾问我："所有人都说在大城市里打拼很难，基本上待几年就会打退堂鼓，我还要去尝试吗？"

我对他说："你先做最坏的打算，如果最坏的结果你能接受，那么你就去闯一闯，去试一试。"

虽然我不赞成冒进和瞎折腾，但我也不喜欢死气沉沉，没有欲望和追求。

从某种程度上讲，我更倾向于前者。

很多事，都是过犹不及。谨慎一点是好事，但如果过于谨慎，那就不是什么好事了，往往会错失很多机会。

格局小的人，往往胆小怕事，畏首畏尾，缺少冒险精神。

很多人在一家公司待了很多年，挣不到钱，也没什么成长。

其实，他们自己也很焦虑，并不是不想离开，而是不敢离开，对未知的前路感到恐惧。

这就是一个人格局小的表现。

很多时候，你做出了改变，勇敢地向前迈出一步，结果就会好起来，前路虽然看起来凶险，但实际上往往没有那么可怕。

真正可怕的是畏首畏尾，是看不到希望的死守和等待。

世界上哪有容易做的工作？格局小的人总会放大委屈，自怨自艾；而格局大的人则咽下委屈，负重前行。

决定你上限的往往不是你的能力，而是你做人做事的格局。

当你在低矮处看城市，可能会看到很多垃圾；当你登上高楼再看城市，满眼都是风景。

所谓局限，其实就是格局小。心被局限住了，人生自然深陷泥泞之中。